知りたい！サイエンス

竹内薫＝著

へんな数式美術館

世界を表すミョーな数式の数々

左右の値が**一致しない**のに、なぜ正しいんだ？
いかにも**無限**になりそうなのに、なぜか無限にならない？
この紐を巻いたような式や、**絵記号**を使った式は何なんだ？
世の中には、実におかしな**数式**が跋扈している。
そんな面白い**数式**を料理し、**観賞する**というのが本書の狙いだ。

$f = g + 2h$

$\sim \Box = \Diamond \sim$

$N = R^* \times f_g \times n_e \times f_l \times f_i \times f_c \times L$

$-1 = \cdots 9999$

$L-1 = \int_{1-p}^{1-p}(x \nabla)$

$E = mc^2$

$"1 + 2 + 3 + 4 + \cdots" = -\dfrac{1}{12}$

$\Omega = ?$

$\sqrt{2} \ \sqrt{2} \ \sqrt{2} \ \sqrt{2}$

技術評論社

はじめに

「へんな数式」美術館へようこそ！

この本には、古今東西から蒐集してきた、珍しい数式がたくさん展示されている。学校で教わる数式はフツーっぽいことが多く、お世辞にも面白いとは言い難い。たとえば、われわれの世代が中学校や高等学校で教わった集合論や群の定義なるものは、たしかに現代数学の基礎概念ではあるのだが、いかんせん、授業は尻切れトンボとなり、誰もクライマックスを目撃することなく、「なんだかチンプンカンプンだった」ということになっていた気がする。

しかし、集合論が、めくるめく幻影の世界を見せてくれるのは、有限集合から無限集合に話が発展した後なのだ。そこでは、これまでの人生の常識が粉々に打ち砕かれ、われわれは、新たなる「認識力」の高みに飛翔するかどうか、決断を迫られることになる。

群論にしても、哲学や文化人類学に大きな影響を与え、構造主義の端緒となった、などと説明されるが、群論の本当の面白さに触れる機会がある人は、非常に限られてしまう。

でも、二十歳にして決闘で亡くなったガロアは、五次方程式を「解く」ためのステップが、そのまま、置換群という特殊な群の構造と関係していることに気づき、「五次方程式が解けない」ことのきわめてエレガントな証明を考えついた。対称性に注目する群論が、五次方程式の解と関係している。なんと美しい世界だろう。でも、残念ながら、そういった本当に面白い話は、学校では教わらない。五次方程式どころか、学校では、二次方程式までしかやらないからだ。

　物理学でも話は同じ。本当に面白い概念の飛躍は、相対性理論、量子力学、繰り込み理論といったところから始まるのだが、われわれは延々とニュートン力学や滑車の計算ばかりやらされて、「なんてつまらない物理学ゥ」と洗脳されてしまう。学校とは、なんと、恐ろしい場所であることか！

　本書は、しかし、そういった現代美術ならぬ現代数学の世界を真面目に詳しく勉強するための本ではない。美術館に行くような気軽さで、数式を芸術として「鑑賞」しよう、というのである。

　本書は4つの「分館」からなる。第1分館は物理と数学館である。アインシュタインやハイゼンベルクの有名な式に始まり、宇宙における知的生命体の可能性を記述するドレイクの式までを展示してある。

　第2分館は数と数学館。複素数を拡張したクオータニオン、さらに拡張したオクトニオン。そして、三次方程式や四次方程式の解の公式。さらには、奇妙な数の世界への入口であるゼータ関数まで、不思議な数の展示館になっている。

　第3分館はいろいろ図形館。ここは文字通り「幾何学」に近い展示品を置いてある。運動靴のひもの結び目に対応する「多項式」の話や、ペンローズ流の矢印と丸で描かれたマクスウェル方程式まで、他の分館に入らない展示品もここにある。

　第4分館は無限の不思議館だ。無限大や無限小の不可思議な世界が展開される。個人的には、ゲーデルの不完全性定理の鑑賞が、少々、中途半端になってしまった感がある。論理学をやらずに説明しようとして無理がきたのかもしれない。できれば参考書を読み進めてもらいたい。

はじめに

　本書は、あくまでも科学作家・竹内薫が館長をしている一美術館にすぎない。この美術館をきっかけに、読者がより深く広い現代数学の世界に興味をもってくれれば、館長として、これ以上の喜びはない。

　技術評論社の西村俊滋氏は、本書の企画から出版まで面倒をみてくれ、間中千元氏は、念入りに数式チェックをしてくれた。文中のコラムはライターの京極一樹氏が寄稿してくれたものである。大勢の協力を得て、本美術館は開館まで漕ぎ着けることができた。ここに記して感謝したい。

2008年7月　横浜駅にほど近い猫神亭にて
竹内薫

第1分館　物理と数学館

1	世界でいちばん有名な数式	10
2	不確定性原理	14
3	自然単位系…その1	20
4	自然単位系…その2	22
5	プランク長さ	26
6	超ひもの不確定性	30
7	脇役が主役を食う？	36
8	ローレンツ変換	44
9	虚数の指数関数は三角関数だった？	50
10	「ナニ」しても変わらない関数	54
11	ラグランジュの未定乗数法	62
12	無限に高く無限に狭い？デルタ関数	68
13	ドレイクの方程式	72

第3分館　いろいろ図形館

22	黄金比	124
23	超簡単なオイラー路？	128
24	超難しいハミルトン路	132
25	結び目の多項式	136
26	マクスウェル方程式「ア・ラ・ペンローズ」	140
27	可能世界	146

へんな数式美術館 館内のご案内

第2分館　数と数学館

14	クオータニオン	76
15	オクトニオン	84
16	フィボナッチ数列	86
17	生き物の公式	90
18	カルダノの公式	96
19	フェラーリの公式	102
20	五次方程式の解の公式	106
21	ゼータ関数	114

第4分館　無限の不思議館

28	無限の不思議	154
29	逆さまのp進数	157
30	対角線上の悪魔…その1	160
31	対角線上の悪魔…その2	168
32	チャイティンのΩ	175
33	ロビンソンの無限小数	181
34	海岸線の長さはどうやって測る？	189

コラムの目次

第1分館	アインシュタイン	13
	ハイゼンベルグ	19
	自然単位系を適用した公式群	25
	マックス・プランク	29
	超弦理論の位置づけ	35
	ブレーン仮説とは	43
	ヘンドリック・ローレンツ	49
	レオンハルト・オイラー	61
	ジョゼフ・ルイ・ラグランジュ	67
第2分館	ウィリアム・ローワン・ハミルトン	83
	フィボナッチ数列と自然の数列	89
	ロジステッィック方程式とロジステッィック写像	95
	ジェロラモ・カルダノ	101
	アーベルとガロア	105
第3分館	ケーニヒスベルグの橋	131
	グラフ理論とは	135
	ロジャー・ペンローズ	145
第4分館	有限の数学から無限の数学へ	156
	ゲオルク・カントール	167
	クルト・ゲーデル	174
	グレゴリー・チャイティン	180
	アブラハム・ロビンソン	188

Chapter-1

第1分館

物理と数学館

1 世界でいちばん有名な数式

$$E = mc^2$$

アルバート・アインシュタイン
(1907 年)

 鑑 賞

　アインシュタインが1905年に発表した相対性理論の第二論文に出ている式である。よく若者がこの数式のTシャツで街を歩いていたりする（物理学科の学生だけか？）。日本語にしてみよう。

　　　　「エネルギー＝質量×光速の２乗」

相対性理論では動いている物体や（自分が）動きながら物体を見ると、その質量（＝重さ）は速度によって変わってくる。それでは質量が速度の関数になってしまって混乱するので、物体に対して観測者が静止した状態で計った質量を「静止質量」と定義する。

　この式に出てくる質量 m は、速度に依存する質量と解釈してもかまわないし、静止質量と解釈してもかまわない。

　E は英語のエネルギー（energy）、m は英語の質量（mass）の頭文字。では、c は何かといえば、ラテン語で「敏捷さ」を意味する celeritas（「ケレリタス」と発音するらしい）から来ている。光速 c は約毎秒 3 億メートルであり、一秒間に地球を 7 周半まわるような猛スピードである。音速の 90 万倍といってもいい。私は「光速はマッハ 90 万」と憶えることにしている。

　花火見物をしていて、光が見えてから、しばらくして音が「ドーン」と聞こえるのは、この音と光の速度差が原因だ（ちなみに音速は毎秒 340 メートルにすぎない！）。

　質量は、地球上では、重さのことだと思っていただいてさしつかえないが、月に行くと、質量は変わらないが重さは 1/6 になってしまう。質量は、その物体の本質的な量なのであり、重さは、その物体が地球や月の重力に引かれる程度をあらわしている。

　月の重力は地球の重力の 1/6 なので、ムーンウォークをする宇宙飛行士は自分の身体を軽く感じるだろうが、それ

によって、彼らがダイエットによって1/6の体重になったわけではない。

　質量に定数（光速の2乗）をかけるとエネルギーになるというこの式は、原子爆弾と原子力発電に利用されることとなった。ウランやプルトニウムといった質量の大きな原子核が分裂するときに、質量が減る。その減った分は、アインシュタインが発見したこの公式にしたがって、エネルギーに転換されるのだ。

　アインシュタインの純粋に物理的な発見は、最終的に広島・長崎の悲劇を生み、同時に、現代社会のエネルギーを支える原子力発電へとつながった。

　ダイナマイトを発明したノーベル同様、晩年、アインシュタインは平和運動にのめりこんでいった。

　みずからが開けてしまった「パンドラの匣」に対して、アインシュタインは、死ぬまで複雑な思いを抱いていたのかもしれない。

コラム アインシュタイン（1879〜1955）

アインシュタインは、ドイツが連合国に先んじて原爆を開発することを恐れて1939年、ユダヤ人物理学者のレオ・シラードの勧めにより、当時の米国のルーズベルト大統領に下の手紙を送って、$E=mc^2$によるエネルギーを利用した原子力とその軍事利用の可能性を訴えた。

その2年後の1941年に、英国科学者たちによる「原爆の開発は可能」との研究報告が米国に伝えられると、ルーズベルト大統領は原爆の開発に着手した。しかし彼自身はこの開発計画（マンハッタン計画）への協力を求められることはなかった。アインシュタインは原爆の広島・長崎への投下を深く嘆き、戦後は平和運動に傾倒したとされる（下の手紙は米国アルゴンヌ国立研究所所蔵）。

2 不確定性原理

$$\varDelta p \times \varDelta x \geqq \frac{\hbar}{2}$$

ヴェルナー・ハイゼンベルグ
(1927年)

 鑑 賞

　この数式は世界で2番目に有名な式（のはず）。pは運動量で、xは位置座標をあらわしている（運動量は、質量mに速度vをかけたもの！）。そして、$\varDelta p$は、運動量の測定誤差、$\varDelta x$は、位置座標の測定誤差を意味する。それを掛けたものが、$\hbar$の1/2以上になる、というのである。

ℏは「エイチバー」とか「ディラック定数」と呼ばれており、ミクロの世界の基礎理論である「量子力学」に登場する定数だ。もともとは、

$$h = 6.626068 \times 10^{-34} m^2 kg/s$$

を「プランク定数」といい、それを2πで割ったものがℏなのである。ちなみに、

$$10^{-34} = 0.0000000000000000000000000000000001$$

である（つまり、マイナス34乗とは、小数点以下34桁目に1がくるように小さな数のこと！）。

不確定性原理に話を戻すと、ミクロの世界では、物体の運動量pと位置座標xをともに無限の精度で測定することは不可能で、ℏ/2という測定限界があることになる。

測定という行為は、物体が小さくて軽い場合、その物体の位置や動きを変えてしまう。たとえば、目の前の埃の位置を測ろうとして近づいたら、わずかな風の影響でほこりが飛んでしまう。それと似たようなことがミクロの世界では起きている（あくまでもイメージをつかんでいただくための比喩的な説明です）。

ところで、面白いのは、数学的には、ハイゼンベルグの不確定性原理が、次の式と同等であることだ。

$$x \times p - p \times x = i\hbar$$

$x \times p$ から $p \times x$ を引いたら、答えはゼロになりそうな気がするが、必ずしもそうとは限らない。

　われわれは、暗黙の了解として、x や p が「ふつうの数」だと思っているが、世の中には「ふつうでない数」もたくさん存在する。たとえば、次のような行列のかけ算を考えてみよう。

$$\begin{pmatrix} 1 & 2 \\ 3 & 4 \end{pmatrix} \begin{pmatrix} 2 & 3 \\ 4 & 5 \end{pmatrix}$$

　行列というのは、その名のごとく、いくつかの数字を行と列に並べた「リスト」である。そのかけ算は、次のようなルールで行われる。

●行列のかけ算のルール

1. 最初の行列の1行目 $\begin{pmatrix} 1 & 2 \end{pmatrix}$ を時計回りに90度回転して、2つ目の行列の1列目 $\begin{pmatrix} 2 \\ 4 \end{pmatrix}$ に重ねて、

    $1 \times 2 + 2 \times 4 = 2 + 8 = 10$
    と計算して、それを答えの1行1列目とする。

2. 最初の行列の1行目 $\begin{pmatrix} 1 & 2 \end{pmatrix}$ を時計回りに90度回転

して、2つ目の行列の2列目 $\begin{pmatrix} 3 \\ 5 \end{pmatrix}$ に重ねて、

$$1 \times 3 + 2 \times 5 = 3 + 10 = 13$$

と計算して、それを答えの1行2列目とする。

3. 最初の行列の2行目 $\begin{pmatrix} 3 & 4 \end{pmatrix}$ を時計回りに90度回転して、2つ目の行列の1列目 $\begin{pmatrix} 2 \\ 4 \end{pmatrix}$ に重ねて、

$$3 \times 2 + 4 \times 4 = 6 + 16 = 22$$

と計算して、それを答えの2行1列目とする。

4. 最初の行列の2行目 $\begin{pmatrix} 3 & 4 \end{pmatrix}$ を時計回りに90度回転して、2つ目の行列の2列目 $\begin{pmatrix} 3 \\ 5 \end{pmatrix}$ に重ねて、

$$3 \times 3 + 4 \times 5 = 9 + 20 = 29$$

と計算して、それを答えの2行2列目とする。つまり、

$$\begin{pmatrix} 1 & 2 \\ 3 & 4 \end{pmatrix} \begin{pmatrix} 2 & 3 \\ 4 & 5 \end{pmatrix} = \begin{pmatrix} 10 & 13 \\ 22 & 29 \end{pmatrix}$$

となる。ルール説明終わり。

ここで、かけ算の順番を変えてみると、

$$\begin{pmatrix} 2 & 3 \\ 4 & 5 \end{pmatrix} \begin{pmatrix} 1 & 2 \\ 3 & 4 \end{pmatrix} = \begin{pmatrix} 11 & 16 \\ 19 & 28 \end{pmatrix}$$

となって、答えは一致しない！ だから、行列という「ふつうでない数」のかけ算では、かけ算の順番を逆にして引くと、必ずしもゼロにはならないのである。

実際、ハイゼンベルクが最初に提唱した量子力学の定式化では、運動量pや位置座標xは、ふつうの数ではなく「行列」だった。ただし、ここにあげたような2行2列の行列か、あるいは、無限に大きな奇妙な行列だった！

せっかくだから、具体的な形を1つ書いてみよう。

$$x = \frac{1}{\sqrt{2}} \begin{pmatrix} 0 & 1 & 0 & 0 & \cdots \\ 1 & 0 & \sqrt{2} & 0 & \cdots \\ 0 & \sqrt{2} & 0 & \sqrt{3} & \cdots \\ 0 & 0 & \sqrt{3} & 0 & \cdots \\ \vdots & \vdots & \vdots & \vdots & \ddots \end{pmatrix}$$

$$p = \frac{i}{\sqrt{2}} \begin{pmatrix} 0 & 1 & 0 & 0 & \cdots \\ -1 & 0 & \sqrt{2} & 0 & \cdots \\ 0 & -\sqrt{2} & 0 & \sqrt{3} & \cdots \\ 0 & 0 & -\sqrt{3} & 0 & \cdots \\ \vdots & \vdots & \vdots & \vdots & \ddots \end{pmatrix}$$

問題 このxとpを使って、実際にかけ算をしてみて、交換関係「$x \times p - p \times x = i\hbar$」を確かめること。ただし、$\hbar = 1$とおくこと。

ここにあげた例は、調和振動子と呼ばれる、量子力学で最も基本的な例題の場合の x と p の行列だが、具体的な形を知っておくことは意味があるはず。

　とにかく、ミクロの世界では、もはや、われわれの常識である「ふつうの数」では計算ができなくなってしまう。摩訶不思議な世界へようこそ……。

コラム　ハイゼンベルグ（1901 〜 1976）

　第二次世界大戦が始まると、多くの科学者はドイツを逃れた。しかし、ハイゼンベルクはドイツで、場の量子論や原子核の理論の研究を進めた。そのため、ドイツはハイゼンベルグに対し、原爆開発の命令を下した。

　開発を任命されたハイゼンベルグは、ドイツ占領下にあったデンマークに行き、ニールス・ボーアを訪問した。ボーアはハイゼンベルグの恩師であったが、アメリカに通じていたとされる。

　このときハイゼンベルグがボーアと何を語り合ったのかは謎である。しかしこれ以降、ハイゼンベルグは原子爆弾の研究をできる限り遅延させた。この意図的なサボタージュによってドイツは原爆完成を待たずに降伏することとなった。万が一露見すればガス室送りは間違いなかったろうが、それでもハイゼンベルグはその行為を選択したという。

3 自然単位系…その1

$$c=1$$

マックス・プランク
（1899年）

 鑑 賞

　光速は毎秒3億メートルだといったばかりなのに、今度は、それが「1」だという。いったいどーゆーことなのだ？
　実は、メートルとか秒という単位は、人間が勝手に決めたものであり、主に地球と人間を尺度としている。1メートルは、フランス革命のときに、地球の全周の1/4を1万キロメー

トルと決めたわけだし、1秒は、（地球の）1日を24等分し、さらにそれを60等分し、さらに60等分した長さなのである。

地球や人間とはまったく別の文明が宇宙のどこかで繁栄しているとしたら、彼らがわれわれと同じ単位系を使っている確率はかぎりなくゼロに近い。

では、そういった、人間的な、あまりに人間的な単位系ではなく、もっと「自然科学的」な単位系は存在するのだろうか？

実は、素粒子や宇宙を研究している物理学者たちは「自然単位系」なるものを使っている。その単位系は、自然界の基本的な定数を基準にしている。たとえば、「宇宙の制限速度」とされる光速 c。

宇宙には光速を超えて物体が動くこともなければ、光速を超えて情報が伝わることもない。その意味で、光速 c は、物理学的に可能な最高速度だといえる。

それならば、光速を100%と定めて、その他の速度は、光速の何%かで表せばいいではないか。

100%というのは「1」ということだから、自然単位系では、光速 $c = 1$ とおくのである。

ちなみに、われわれに馴染み深いメートルでさえ、現在では、地球ではなく光速を基準にして「光が約3億分の1秒で伝わる距離」と定義されている。

その光速を、いっそのこと「1」としてしまえ、というのが自然単位系の発想なのである（続く）。

4　自然単位系…その2

$$\hbar = 1$$

マックス・プランク
(1899年)

　鑑　賞

　光速 c だけでなく、ディラック定数 $\hbar$（プランク定数 h を 2π で割ったもの）も「1」とおいたものが（通常）「自然単位系」と呼ばれるものだ。
　光速 c はアインシュタインの特殊相対性理論に出てくる重要な基礎定数であり、ディラック定数は量子力学に出てくる

同様に重要な基礎定数である。この２つを「基準」として採用する単位系は、恣意的な MKS 単位系と比べて、はるかに宇宙的(？)であり、将来、別の星からやってきたエイリアンと交渉するとき（「地球人を滅ぼさないでくれ！」と嘆願するとき？）には、相手をいらだたせないように、自然単位系で話をする必要があるだろう。

自然単位系では、少々、頭の切り替えが必要になる。光速 c を１とおいた時点で、MKS 単位系での m (＝メートル) と s (＝秒) は、

$$c = 299,792,458 \mathrm{m/s} = 1$$

から、

$$299,792,458 \mathrm{m} = 1\mathrm{s}$$

という「換算レート」によって、「長さ」と「時間」のどちらか一つの単位で話が済むようになってしまう（これは 110 ¥ ＝ 1 $ という通貨の換算レートと同じ話だ！）。

ふつうのアタマだと、「長さ」と「時間」は全く別の単位のはずだが、自然単位系からすれば（円とドルが同じ「お金」というような意味で）、同じ単位とみなしてかまわないことになる。そのほうが「自然」なのだ。

となると、ディラック定数を１とおくとどうなるのかだが、

$$\hbar = 0.000\ 000\ 000\ 000\ 000\ 000\ 000\ 000\ 000\ 000 \\ 000\ 105\ 457\ 162\ 8 \mathrm{m^2 kg/s} = 1$$

であり、これに、

$$299{,}792{,}458\text{m} = 1\text{s}$$

を代入して、

$$0.000\,000\,000\,000\,000\,000\,000\,000\,000\,000\,000\,105\,457\,162\,8\text{m}^2\text{kg}/299{,}792{,}458\text{m} = 1$$

すなわち、

$$0.000\,000\,000\,000\,000\,000\,000\,000\,000\,000\,000\,000\,000\,000\,351\,767\,231\text{m} = \frac{1}{\text{kg}}$$

となる。これは、「長さ」と「質量」が反比例の関係にあることを意味する！

話が込み入ってきたので、ここら辺で整理しておこう。

まず、光速度 c を 1 とおくことにより、「長さ」と「時間」は同じ次元*となり、その比例係数は、約 3 億ということになる。1 秒は約 3 億メートルである。それが「自然」な換算レートなのである。

次にディラック定数を 1 とおくことにより、「長さ」と「質量」は逆の次元となり、反比例の係数は（実に）小数点 43

---

*次元
これまで「単位」という言葉を使ってきたが、「物理的な拡がり」という意味で「次元」という言葉も使うことにする。

桁目に3がくるような小さな数になる。

とにかく、

$$[長さ] = [時間] = \frac{1}{[質量]}$$

という関係が大切だ。長さや時間は似た者同士であり、質量やエネルギーは「逆数の次元」なのである。

コラム　自然単位系を適用した公式群

本項および前項で解説した、自然単位系のうち「プランク単位系」では、万有引力定数・クーロン力定数・ボルツマン定数もすべて1にする。これを適用すると、次のように、さまざまな公式の形が非常に簡単になる。

万有引力の法則　　　$F = G\dfrac{Mm}{r^2}$　　⇒　　$F = \dfrac{Mm}{r^2}$

クーロンの法則　　　$F = \dfrac{1}{4\pi\varepsilon_0}\dfrac{Qq}{r^2}$　　⇒　　$F = \dfrac{Qq}{r^2}$

粒子の波動エネルギー　$E = \hbar\omega$　　⇒　　$E = \omega$

粒子の質量エネルギー　$E = mc^2$　　⇒　　$E = m$

アインシュタイン方程式　$G_{\mu\nu} = 8\pi\dfrac{G}{c^4}T_{\mu\nu}$　⇒　$G_{\mu\nu} = 8\pi T_{\mu\nu}$

シュレーディンガー方程式　$-\dfrac{\hbar^2}{2m}\nabla^2\Psi = i\hbar\dfrac{\partial\Psi}{\partial t}$　⇒　$-\dfrac{1}{2m}\nabla^2\Psi = i\dfrac{\partial\Psi}{\partial t}$

5　プランク長さ

$$\sqrt{\dfrac{G\hbar}{c^3}}$$

マックス・プランク
（1899 年）

 鑑 賞

　これは、自然界の基本定数である光速 c とディラックの $\hbar$ のほかにニュートンの重力定数 G からつくることのできる「長さ」の次元をもつ数で、その大きさはだいたい……ここで問題です。

問題 $G = 6.6726 \times 10^{-11} \dfrac{\mathrm{m}^3}{\mathrm{kg} \cdot \mathrm{s}^2}$ をつかって、プランク長さを計算すること。

　まあ、実際にやっていただいても、あるいは（ときどきウソをつく）オレの言葉を信用してもらっても、どちらでもかまわない（答えは、おおよそ、10のマイナス35乗メートルになるはず）。

　この長さは、ある意味、人類が理論的につくることのできる「最小の長さ」ということになる。仮にそのような長さを顕微鏡で見ることができたら、いったいどうなっているのか？

　ホイーラーという物理学者は、プランク長さの世界では時空が「泡立っている」と考えた。すでに出てきた不確定性により、時間と空間も「あいまい」になっているからだ。それは、こんなイメージである（次ページ参照）。

　ところで、これまでのパターンを踏襲するのであれば、光速cとディラックの$\hbar$のほかにニュートンの重力定数Gも「1」とおいてしまってもいいように思われる。実際、そのような単位系は存在して「幾何学単位系」と呼ばれている。

　面白いことに、幾何学単位系では、プランク長さが「1」になるだけでなく、すべての物理量が無次元になってしまう。そりゃそうだ。光速cを「1」とおいた時点では、長さ、時

出展:http://abyss.uoregon.edu/~js/images/quantum_spacetime.gif を改変

間、質量の3つのうちの2つが残り、ディラックの$\hbar$を「1」とおいた時点でそれが1つになり、さらにニュートンの重力定数を「1」とおいたら残りはゼロ、つまり、あらゆる次元は消えてしまう。

幾何学単位系では、メートルも秒もキログラムも消えて、すべての物理量は単なる「数」になってしまう。そうなれば、たとえば、東京タワーの高さと質量のどちらが大きいか、というような質問も可能になる。

もともと単位系というのは人間が便宜上考えたものにすぎない。宇宙を数学が支配している、ということの意味は、「すべては数に帰着する」ということなのかもしれませんな。

コラム マックス・プランク（1858～1947）

プランクは、自然単位系でも有名ではあるが、もっと有名なのは、「光のエネルギーが、ある最小単位の整数倍の値しか取ることができない」とする「プランクの法則」（1900年）によってである。この結果は後に、アインシュタインやボーアなどによって確立された「量子論」の基礎となった。

1930年に、カイザー・ヴィルヘルム科学振興協会（後のマックス・プランク科学振興協会）の会長に就任したプランクは、同僚のユダヤ人科学者への迫害に関してヒトラーに対し直接抗議を行ったが、事態を改善することはできなかった。彼は第一次大戦で長男を、ヒトラー暗殺計画失敗で二男を失い、晩年は不遇のうちに没した。

6　超ひもの不確定性

$$\Delta x \geqq \frac{1}{\Delta p} + l_s^2 \Delta p$$

作者不詳・年代不詳

 鑑賞

　奇妙な式である。すでに出てきたようにハイゼンベルクの不確定性の式は、Δx（＝位置座標 x の不確定性）と Δp（＝運動量 p の不確定性）が反比例する、という意味をもつ。そ

＊第一項
式をわかりやすくするために、便宜上、ディラック定数は1とおき、係数の1/2も無視している。

れは、この「超ひもの不確定性」の式の右辺の第一項にあたる。

では、第二項はいったい何なのか？

まず、l_S は「ひもの張力の逆数」であり、「ひもの長さ」でもある。と言っても、超ひもの説明をしないとチンプンカンプンであろう。

超ひも理論は、「森羅万象のおおもとは超ひもである」という、究極の原子論みたいな理論で、1970年代頃から物理学者を魅惑し始め、80年代と90年代に一世を風靡した物理理論なのだ。

超ひも理論には「Dブレーン」なる「壁みたいな物体」も登場するのだが、それについては参考書に譲るとして、ここでは、とにかく、点状の素粒子をやめて、長さをもった「ひも」を出発点にした理論であるということだけを頭に入れておいてほしい。

超ひもには2種類ある。輪ゴムみたいに「閉じたひも」と輪ゴムにハサミを入れた「開いたひも」である。どちらのひもも張力をもっている。張力が大きければひもは縮んで小さくなり、張力が大きければ大きくなる。

要するに、超ひも理論には基本定数はたった1つしか存在しないのであり、それが l_S なのである。問題は、その大きさであるが、ほぼ「プランク長さ」だと考えられている。とにかく、素粒子も超ひもからつくられるため、人類が知っている素粒子よりもずっと小さいことだけは確かだ。

で、この二項目だが、驚いたことに $\mathit{\Delta} p$ に「比例」して

いるではないか。通常は、運動量やエネルギーを大きくすると位置座標の不確定性は抑えられて、より精度の高い測定ができる。たとえば、光学顕微鏡よりも電子顕微鏡のほうがエネルギーが高いので、より小さな構造を見ることが可能になる。

　私は、よく、レンガから始めて、どんどんエネルギーを高くしていくと細かい構造が見えるのだと説明する。早い話が、レンガを力一杯壁に投げつけて、粉々にするのである。そして、その破片をもってきて、今度はトンカチで叩きつぶすのである（うーん、オレの日頃の欲求不満が文章に滲み出ていて怖い……）。

　とにかく、エネルギー（運動量）を高くすると、位置座標はどんどん細かく見えてくるはずなのだ。

　それが通常の不確定性の意味である。

　ところが、超ひもの不確定性では、そうなっていない。たしかに通常の項は存在するが、それを打ち消すような効果をもつ第二項がある。

　それは、こういう意味である。

　点粒子とちがって、ひもは長さをもっていて、振動することができる。だから、ひもにどんどんエネルギーを注ぎ込むと、ひもの振動が大きくなって、「どこにあるか」という位置情報がぼやけてしまうのだ。エネルギーが大きくなると、ひもは「のたうちまわる」。それが第二項の意味なのだ。

第二項の意味＝高エネルギーでひもがのたうちまわること

別の説明も可能だ。

宇宙という入れ物を考えて、その中をひもが一本、運動しているようすを思い浮かべていただきたい。これは、ひもでなくても、通常の点粒子が運動していてもかまわない。要するに、運動エネルギーをもった状態だ。これを「運動量モード」と呼ぶ。

ひもの運動量モードは、宇宙の大きさに比べてひもが小さいときに意味をもってくる。

では、仮に宇宙がひもの長さより小さいとしたら、どうなるだろう？　ひもは宇宙の中に収まらない。その場合、エネルギー状態は存在しないのかといえば、そんなことはない。あなたが「ひも」だとして、どうすれば欲求不満のはけ口をみつけられるか、考えてみてください（うーむ、やはり、個人的な感情により文章が影響されている気が……）。

おそらく、慧眼な読者諸氏は、かなりの確率で正解にたどり着いたのではないかと思うが、答えを言ってしまうと…「巻く」のである。そう、ひもには張力があるから、鉛筆に輪ゴムを巻くのと同じ感覚で、宇宙をひもが巻くのである。それを（運動量に対して）「巻き量」と呼ぶ。そして、そのようなエネルギー状態のことを「巻き量モード」と呼ぶ。ひもは宇宙を何回も巻くことができる。巻き数が大きければエネルギーも大きい。

巻き量モードは、運動量モードの「逆」なので、超ひもの不確定性の第二項に相当するのである。
「それにしても、宇宙が素粒子より小さいなんて、空想にしてもぶっ飛びすぎてるゾ」
そう思われたかもしれない。
だが、実際、宇宙が始まったばかりの頃は、その大きさは素粒子より小さかったはずだし、また、超ひも理論では、われわれが感じている3次元空間とは別に「小さな空間」がたくさん存在することが予言されている。だとしたら、そうした素粒子より小さい空間をひもが巻いていてもなんら不思議ではない。
なんだか、超ミクロの「蛇」が見えない空間でとぐろを巻いているような感じで薄気味悪いが、案外、宇宙なんて、そんなものかもしれない……。

コラム　超弦理論の位置づけ

「超弦理論」なんて聞いたこともない読者のために、「超弦理論」のおおまかな考え方をまとめておく。

超弦理論（superstring theory）は、物質の基本的単位を、「大きさが無限に小さなゼロ次元の点粒子」ではなく「1次元の拡がりをもつ弦（ひも、string）であると考える「弦理論」（ひも理論）に、「超対称性」という考えを加えて拡張したもので、「超ひも理論」とも呼ばれる。

超弦理論は理論物理学における理論の1つであり、現状では実験で確認できる方法も発見されていないため、2008年現在も仮説であるが、ほぼ確からしいとは認められている。ただし、未だに「方程式」として定まった真の「物理理論」と呼べるものは、1つも得られていない。またこれを確認するには「プランク長さ」を確認できるほどの超大なエネルギーが必要ともいわれている。

超弦理論の位置づけは、素粒子の間に働く4つの力を統一する、すなわち1つの理論で説明することができるかもしれないという、将来の理論のもっとも有望な候補である。現状で素粒子物理学において正しいと認められている理論は「標準理論」と呼ばれており、これは4つの力のうちの重力以外の3つの力（電磁相互作用、弱い相互作用、強い相互作用）を、問題は残しながらほぼ統一的に記述している。

これらに重力を組み込むことは、ほとんどの理論で成功していない。しかし、10次元または11次元の拡がりを持つ超弦理論では、重力を自然に取り込むことができると言われている。逆にいうと、弦を基本要素と考えることで、自然に重力を量子化したものが得られると考えられ、超弦理論は万物の理論となりうる可能性がある。

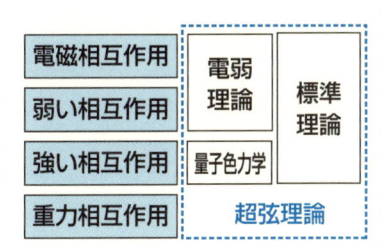

電磁相互作用	電弱理論	標準理論
弱い相互作用		
強い相互作用	量子色力学	
重力相互作用	超弦理論	

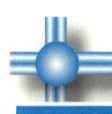

7　脇役が主役を食う？

$$y(t,0) = y(t,a) = 0$$

作者不詳・年代不詳

鑑 賞

　オレが好きな海外ドラマに「ボストンリーガル」という弁護士の物語がある。主人公のアラン・ショア（ジェームズ・スペーダー）は正義感の強い凄腕の弁護士で、その一匹狼のような行動がオレのお気に入りだ。

　この番組には、「スタートレック」のカーク船長（ウィリ

アム・シャトナー）も出ていて、デニー・クレインという伝説の弁護士に扮しているが、そのデニーが自分を軽んじるパートナーのポールに対して、「てめえなんぞ、この事務所の船長であるオレ様の下僕にすぎん！」と恫喝するシーンがあった。もちろん、カーク船長の過去があるので、視聴者がニンマリする場面である。

話がだいぶ脱線しているようだが、そうでもない。

もともと方程式は主役であり、その境界条件は下僕である。少なくとも、学校の数学をやっているかぎり、その関係が逆転することなどない。しかし、時間とともに、会社が大きくなり、船長のデニーと下僕のポールの関係が事実上逆転してしまうのと同じように、理論が成長するとともに方程式と境界条件の関係が逆転することもある。

慧眼な読者は、「ははーん、あれのことか」とひらめいたはずだが、そう、超ひも理論の方程式と境界条件の話をしているのだ。一昔前は、超ひも理論は「究極理論」とか「量子重力理論の最有力候補」などともてはやされ、物理の大学院で勉強している学生の憧れだった。つまり、高エネルギー理論物理学という名の学問の「船長」だったのだ。ところが、今では超ひもそのものよりも「Dブレーン」のほうが主役になってしまった。いったい何が起きたのか。

Dブレーンというのは数学者のディリクレ（Dirichlet）の頭文字と英語のメンブレーン（膜、membrane）の後半をくっ

つけた造語で、「ディリクレ境界条件からできた膜」というような意味をもっている。

　もともと超ひもの方程式があり、それは「ひもの振動」なので、波動方程式なのだが、当然のことながら「端っこがどうなっているか」という境界条件を指定しないと解を求めることができない。

　ひもの長さ方向を x、時間を t、そして、ひもが振動する方向を $y(t,x)$ とおく。

　ちなみに、ひもは x 方向には振動しない。x と垂直な y 方向だけに振動する。つまり、縦振動はなく、横振動だけがある。それは素粒子の一種である光子が横振動しかしないのと同じ理由による（これ以上は教科書を見てください。光速が関係している！）。

　すると、ディリクレの境界条件は、

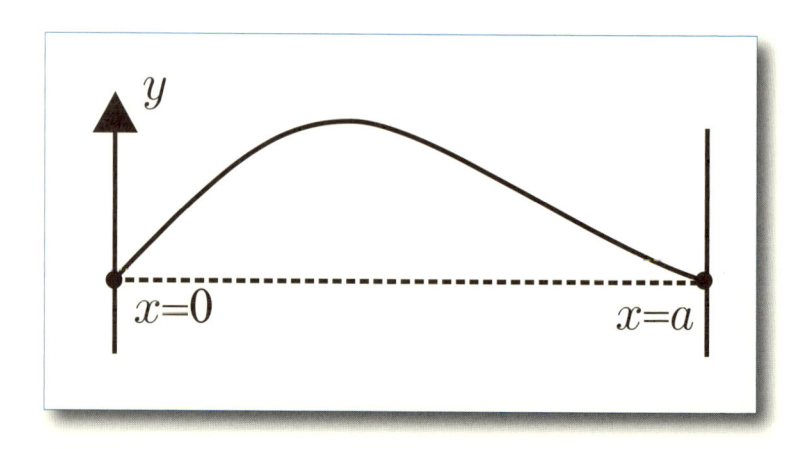

$$y(t,0) = y(t,a) = 0$$

と書くことができる。これは要するに、どんな時間 t においても、ひもの端っこの $x=0$ と $x=a$ では、$y=0$ に固定されていて振動しない、ということにすぎない。要するに「固定端」のことなのだ。

微分方程式に詳しい読者は、ディリクレの境界条件のほかにノイマン境界条件があるのをご存じだろう。こちらは「自由端」なので、両端において、x 方向の変化率がゼロ、いいかえると「y 方向には動いてもいいよ」ということなので、

$$\frac{\partial y}{\partial x}(t,0) = \frac{\partial y}{\partial x}(t,a) = 0$$

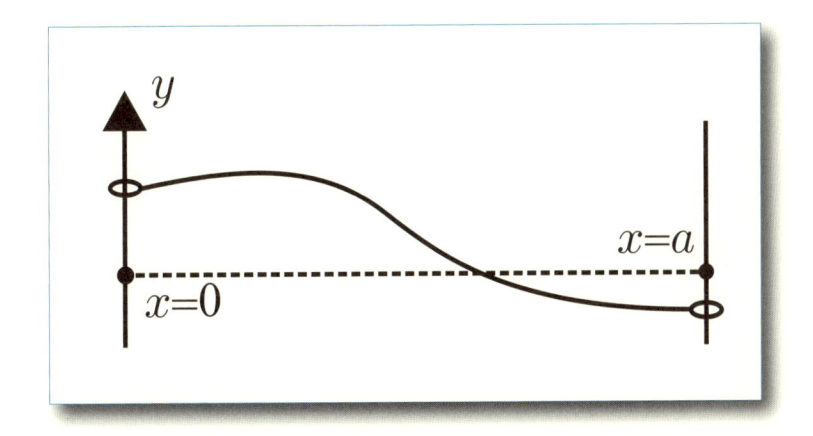

と書くことができる。

　一見すると、ディリクレの境界条件とノイマンの境界条件の形は対称的でないようだが、ディリクレの境界条件は、端っこが固定されている、という意味であり、いいかえると「時間 t が経っても変化はありません」という意味なので、

$$\frac{\partial y}{\partial t}(t,0) = \frac{\partial y}{\partial t}(t,a) = 0$$

と書いてもかまわない。この形であれば2つの境界条件は対称的になる。

　さて、ディリクレの境界条件だが、このままでは、単に「超ひもの端っこが固定されていますヨ」というだけの話である。だが、超ひもの振動方向は y 方向だけではない。なぜなら、数学的な整合性を保つためには、超ひもは t 方向、x 方向のほかに、8つの振動方向をもたないといけないからだ。となると、y にも添え字をつけて、

$$y_1, y_2, \cdots, y_8$$

としなくてはならない。ディリクレの境界条件は、この8つの「横方向」の各々に課す必要がある。8つ全部を固定してもかまわないが、1つだけ固定してもいいし、3つ固定してもいい。となると、急に面白い可能性が開けてくる。それは、

超ひもの端っこが、固定されていない方向には自由に動くことができる、という可能性だ。

ビジュアルで理解するために、自由に動ける方向が2つだとしよう。すると、超ひもの端っこは、この2次元平面の上をツツツーっと滑っていくことができる。平面から離れる方向にはディリクレの境界条件があるから、超ひもの端っこは平面から離れることはできないが、くっつきながら平面上をスケート選手のように動き回る。

何を隠そう、この平面こそが「Dブレーン」なのだ。

Dブレーンは、その後、自分自身の方程式をもつダイナミックな存在であることがわかった。超ひもとDブレーンの関係は、ちょうど静かな水面のさざ波と（船が通ったあとの）軌跡に相当する。さざ波の集合が軌跡であるように、Dブレーンも超ひもの集合体とみなすことができる。

今では、Dブレーンの宇宙が2つあって、それが衝突したのがビッグバンだ、というような「ブレーン世界」の物理学もたくさん登場し、主役の座は、完全に超ひもからDブレーンに移ってしまった感がある。

Dブレーンは、柔らかくて、温度をもっていて、表面からイソギンチャクのように超ひもが生えているようなイメージだ。なんだかかわいらしいので、一つ、玄関に飾っておくとお客さんが喜ぶかもしれませんな。

●Dブレーンの図

●**参考書**：

『A First Course in String Theory』Barton Zwiebach 著（Cambridge）

『ゼロから学ぶ超ひも理論』竹内薫著（講談社サイエンティフィク）

> **コラム** ブレーン仮説とは
>
> 　我々の宇宙は、空間3次元＋時間で構成される4次元宇宙であるが、この宇宙は、さらに高次元（10次元か11次元）の時空に埋め込まれた「膜」（ブレーン）のような時空なのではないか、と考える宇宙モデル。4次元を超える5次元以上の次元を「余剰次元」と呼ぶ。
>
> 　最近のブレーン仮説においては、物質や電磁気力はブレーン上にのみ存在でき、重力だけは余剰次元にも影響できると考える。すると、自然界の4つの力（相互作用）の中で重力だけが特に弱いという「階層性問題」を説明することができる。
>
> 　また、著書「ワープする宇宙」で有名なリサ・ランドール他が1999年に発表したモデルでは、ブレーンが今までの素粒子実験や重力実験で見つかっていない理由の可能性として、「余剰次元のスケールが0.1mm以下である場合は、今までの実験では検出されない」ことが示された。
>
> 　CERN（ヨーロッパ素粒子研究施設）が建設中の陽子ビーム衝突型加速器（LHC加速器）では「ブレーン仮説を検証しよう」という提案があるが、これにより超小型のブラックホールが生成される理論的な可能性が指摘されており、これに対し米国では実験差し止めの訴訟が提起されている。

8　ローレンツ変換

$$t' = \frac{t - vx}{\sqrt{1 - v^2}}$$

$$x' = \frac{x - vt}{\sqrt{1 - v^2}}$$

ヘンドリック・アントーン・ローレンツ
（1899年）

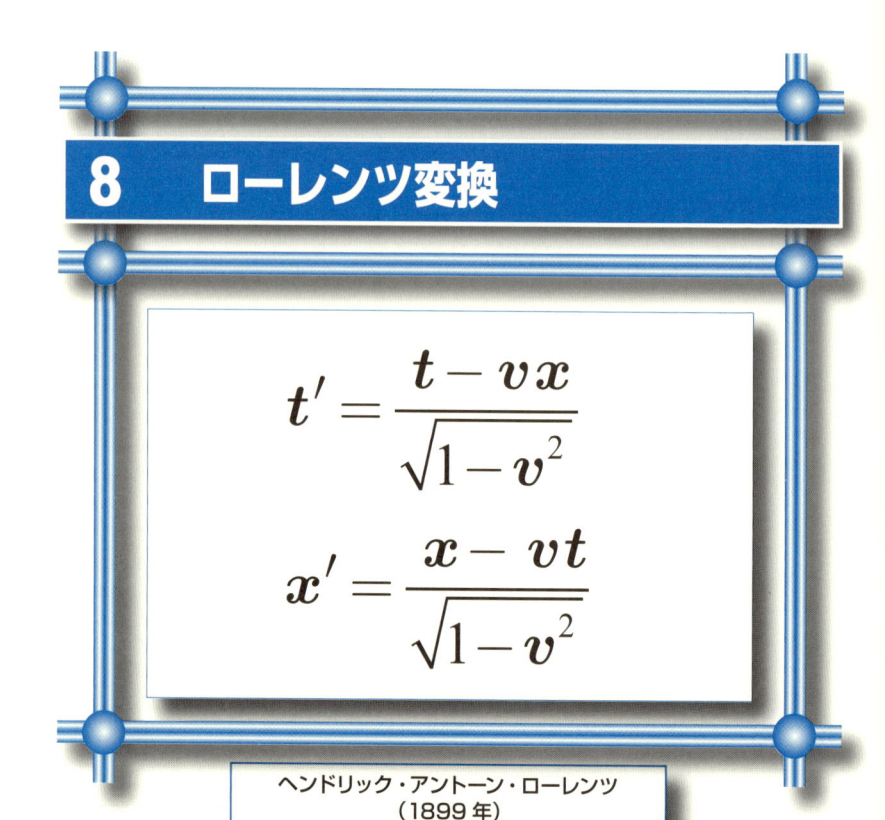

鑑　賞

　アインシュタインが1905年に発表した相対性理論の第一論文に出ている式を現代風にアレンジしたもの。不思議なことに相対性理論はアインシュタインが発見したのに、その根

＊ローレンツ変換の式
本書では「自然単位系」を使っていて $c=1$ なので、数式がいたく簡単になる。

幹となる変換式にはローレンツの名が冠せられている。これ*はいったいどうしたことか。

まずは数式の意味から説明しよう。

われわれが学校で物理学を教わるときに、時間 t と距離 x という記号を使うことに馴れてしまう（距離は「空間」といってもいい）。そして、いつのまにか、宇宙には唯一の時間 t が流れており、空間の尺度 x も決まっていると思い込む（空間の尺度とは、ようするにモノサシの目盛りのことだ）。それは、ニュートンが確立した世界観であり、少なくとも高校までの科学の常識となっている。難しい言葉でいえば、それは「絶対時間・絶対空間」という大前提なのだ。

でも、アインシュタインは、そういった「絶対的」な世界観をくつがえす科学革命を断行した。彼は、宇宙にはたくさんの時間が流れており、たくさんの空間の尺度があると主張した。

アインシュタインが一般向けに述べた名文句が残っている。「オーブンの上に手をおいてごらん、一瞬でも凄く長く感じられるだろう。でも、絶世の美女の隣に座ってごらん、あっという間に時が流れることだろう。それが相対性ってもんさ」（竹内節にアレンジしました）

生物学的（心理学的？）には、たとえば私の時間感覚とウ

---

*ローレンツの名が冠せられている
しかし、最初にこの式を提案したのはどうやら、ジョゼフ・ラーマー（1897 年）らしい。

チの猫の時間感覚は大きくちがう。あるいは、大人の時間と子供の時間もちがう。それは、基本的には心臓の鼓動が基準になっているのだ。私にとっての1日の長さは、猫にとっては3日ほどに感ぜられるであろう。子供がデパートやレストランで待ちきれなくなるのも、大人より速い時間感覚をもっているからにほかならない。

　アインシュタインは、それと同じことが物理学的に宇宙全体の時間や空間でも起きていることに気づいた。

　ローレンツ変換の式のvは相対速度である。宇宙空間にロケットが2機飛んでいるとすると、その2機のロケットの間の速度差のことだ。t'はロケット1の中で流れている時間、すなわち、時計の進み方。tはロケット2の中の時間。同様にx'はロケット1の中でのモノサシの目盛り幅。そして、xはロケット2の中でのモノサシの目盛り幅だ。

　時間と空間を測る尺度は、速度がちがうと伸び縮みするのである。それがローレンツ変換の式の意味するところだ。

　そんな、馬鹿な！　どうしてニュートンはまちがっていて、アインシュタインが正しいといえるのか。いったい誰が検証した？

　実は、車や携帯のGPS機能がそれを検証している。地上の時計とGPS衛星の時計は同じようには進まない。どちらも正確な原子時計を使ったとしても、そもそも時間の尺度がちがうのだから、すぐにズレが生じてしまう。それを相対性理論にもとづいて補正してやらなければGPSシステムその

ものが機能しなくなってしまう（実際には、GPS衛星の時間のズレは、ここに出てきたローレンツ変換のほかに、重力加速度の差による補正があるが、話が込み入るので、ここでは割愛する。いずれにせよ、相対性理論の効果はGPS衛星で実証済みなのである）。

　ところで、なぜ、ローレンツ変換はローレンツさんが発見したのに、相対性理論はアインシュタインの功績なのだろう？　実は、この二人、速度vの解釈で大きな差があるのだ。ローレンツは、古いニュートン的な世界観から脱し切れなかったので、速度vは「絶対空間に対する速度」だと考えていた。つまり、宇宙に唯一の正しい基準系が存在し、それに対して速度vで動いている、という意味だと考えたのだ。でも、たとえば地球は太陽のまわりを回っているし、太陽も銀河系の中で動いているし、銀河系も……どこまでいっても、絶対に止まっているモノなんてありゃしない。

　そこで、アインシュタインは、そもそも「絶対に止まっている」という概念を棄て去って、「お互いの速度差」だけが現実に意味をもつのだと考えた。絶対性理論から相対性理論への飛躍である。

　その飛躍があまりにも衝撃的だったので、アインシュタインが全ての功績をかっさらったというような次第。

　ところで、ローレンツ変換の式で少し遊んでみよう。この2つの式をtとxについて解いてほしい。いったいどうなるのか？

次に、このままの式で、ダッシュとダッシュがついていない変数を入れ替えて、ついでに速度vを$(-v)$に変えてほしい（単に、t'をtに書き換え、tをt'にすればよい。xについても同様）。

驚くべきことに、時間をかけて計算して、tとxについて解いても、ズルをしてダッシュをつけかえてvにマイナスをつけても、結果は同じなのだ。

$$t = \frac{t' + vx'}{\sqrt{1 - v^2}}$$
$$x = \frac{x' + vt'}{\sqrt{1 - v^2}}$$

ロケット1の中の時間t'と空間x'とロケット2の中の時間tと空間xの関係だが、たしかに、ロケット1から見てロケット2が速度vで動いているのであれば、逆にロケット2から見ればロケット1は速度$(-v)$で動いていることになるはずだ。

ローレンツ変換は、実にうまい変換法則になっているのだ。

● 参考書：

『ゼロから学ぶ相対性理論』竹内薫著（講談社サイエンティフィク、拙著で恐縮だが）

> **コラム** ヘンドリック・ローレンツ（1853〜1928）
>
> ローレンツは、オランダ東部にあるアーネムで生まれた。1878年に25歳でライデン大学理論物理学教授に就任以来、生涯この職とオランダにとどまった学者である。ローレンツは後継にアインシュタインを招聘しようとしたが断られている。
>
> 彼はその一生を、マックスウエルの電磁気学の継承と発展につくした。彼が電磁気学を始めたころ、世界はまだ「エーテル」の幻にとらわれていたが、ローレンツが媒体不要の電磁気学を確立し、実質的にエーテルからの決別を果たした。ゼーマン効果の理論的な説明を与えた電子論は、当時高く評価された。
>
> エーテルは、19世紀以前の物理学で空間に充満していると仮想された物質であり、マクスウェルが電磁気学を確立し、ヘルツの実験により電磁波の存在が確認されると、電磁波の媒質として、エーテルの存在も否定しがたいものと思われるようになった。
>
> しかし、1880年代のマイケルソンとモーリーは、静止したエーテルに対する地球の速度を測定しようとしたが、いくら測定しても速度差を見出すことができず、1905年にアインシュタインが特殊相対性理論を発表し、現在では空間そのものが力や光の媒質であると考えられており、エーテルの存在を仮定する必要はなくなった。

9 虚数の指数関数は三角関数だった？

$$e^{ix} = \cos x + i \sin x$$

レオンハルト・オイラー
（1748年）

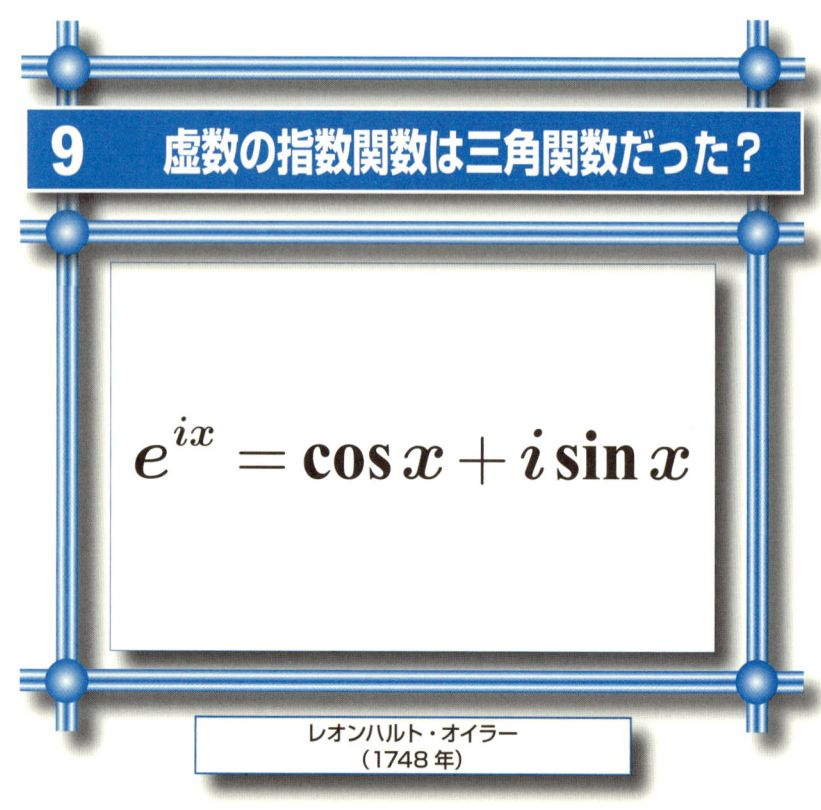

鑑 賞

　指数関数が実数から虚数になると三角関数になる。なんと不思議な関係だろう。
　この関係式（オイラーの公式）は、物理や工学などで三角関数が関係する微分方程式を解くときなどに重宝される。なぜかといえば、コサインを微分するとマイナス・サインにな

るし、サインを微分するとコサインになるわけで、微分するごとに関数が変わってしまうのだが、指数関数を微分しても指数関数のままなので、計算が大幅に単純化されるからだ。

もちろん、もともとの問題の関数の値域が実数なのに、わざわざ複素数を使うのだが、計算が終わってから、最後に「実部」をとれば何の問題もない。

それとは別に、量子力学の計算になると、そもそもの関数自体の値域が複素数になるので、虚数の指数関数は本質的な重要性をもつようになる。

ところで、指数関数は、通常、次のような定義が使われる。

$$e^x \equiv 1 + \frac{x}{1!} + \frac{x^2}{2!} + \frac{x^3}{3!} + \cdots$$

ここで x を ix に変えてみると、

$$e^{ix} \equiv 1 + \frac{ix}{1!} + \frac{-x^2}{2!} + \frac{-ix^3}{3!} + \cdots$$

となる。

これは、交互に実軸方向と虚軸方向に進んでいくことに相当するから、次ページの図のようになる（左右が実軸方向で上下が虚軸方向の複素平面だ）。

＊オイラーの公式
このオイラーの公式は、1718年にロジャー・コーツにより少し違う格好、すなわち、$\ln(\cos x + i \sin x) = ix$ として証明されていた。数学や科学の先取権は複雑なものなのです。

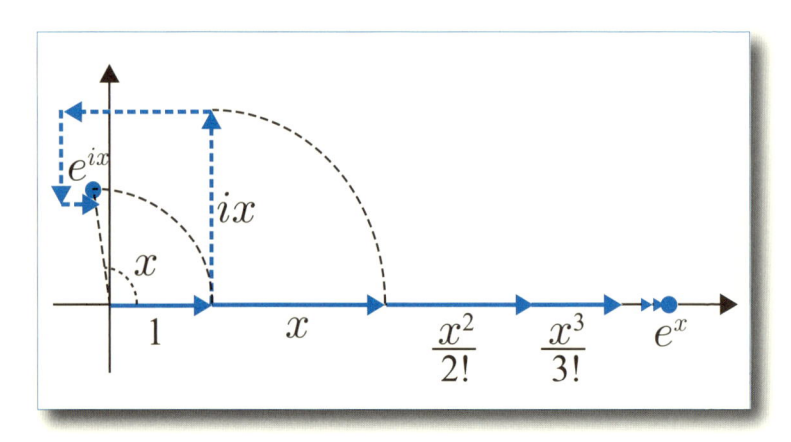

つまり、実数の指数関数は、どんどん実軸上を右に進んでいくから、「どんどん大きくなる」のに対して、虚数の指数関数は、実軸方向、虚軸方向、実軸方向……という具合に「らせん」を描いてゆき、「どんどん単位円上の点」に収束してゆく。その点は実部が角度 x のコサインで、虚部が角度 x のサインになっている。

こうやって、複素平面上で、虚数の指数関数が三角関数になることが理解できるのだ。

しかし、ここで素朴な疑問が生まれる。

素朴な疑問　指数関数を虚数にしたら三角関数になるのなら、三角関数を虚数にしたらどうなるのだ？

もっともな疑問である（てゆーか、昔、カルチャースクールの生徒さんにマジで質問された憶えがあるから書いている

のである)。やってみましょうか。

x を ix にすると、オイラーの公式は、

$$e^{-x} = \cos ix + i \sin ix$$

になる。次に、x を $(-ix)$ にすると、

$$e^{x} = \cos(-ix) + i \sin(-ix) = \cos ix - i \sin ix$$

となる。これからサインを消去すると、

$$\cos ix = \frac{e^x + e^{-x}}{2}$$

となるが、これを「コシュ・エックス」($\cosh x$) と呼ぶ。

同様にコサインを消去すると、

$$-i \sin ix = \frac{e^x - e^{-x}}{2}$$

となるが、これを「シンチ・エックス」($\sinh x$) と呼ぶ。

コシュとシンチはともに「双曲線関数」の一種だ。なぜ双曲線という名前がついているかといえば、角度 x の三角関数が単位円上の点で表されるのと同様、コシュとシンチは双曲線上の点を表すのに使われるからだ。

双曲線関数のさらに詳しい解説は教科書にゆずるが、こうやって、関数の定義域を実数から複素数に拡げるだけで、それまでは無関係と思われていたさまざまな関数どうしが「親戚」であったことがわかるなんざぁ、数学の醍醐味かもしれませんなぁ。

10　「ナニ」しても変わらない関数

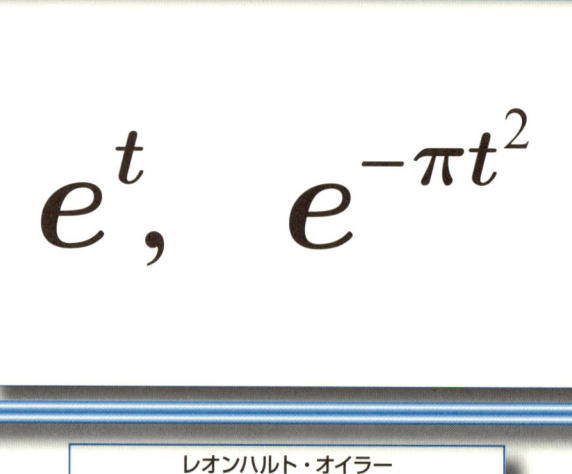

$$e^t, \quad e^{-\pi t^2}$$

レオンハルト・オイラー
（1748年）

鑑 賞

　「ナニ」は数学の演算である（つい、イヤらしいことを想像してしまった読者は反省すべし！）。
　たとえば指数関数は、ナニ（＝微分）しても指数関数のままだ。

$$\frac{d}{dt}e^t = e^t$$

 もちろん、別のナニ（＝積分）をしても指数関数のままだ。物理学では距離を微分すると速度になり、速度を微分すると加速度になるわけだが、距離が時間の指数関数であらわされるとしたら、速度も加速度も指数関数になって、計算しなくてもいいから便利かもしれない。

 宇宙の膨張が指数関数になる場合を「ド・ジッター宇宙」と呼ぶ。宇宙初期の急激な膨張であるインフレーションでは、宇宙は指数関数的に膨張したようだが、現在の宇宙も加速膨張の時期にあることが2003年に確定した。今後、宇宙は指数関数的に膨張してゆくのかもしれない。

 われわれが頻繁に出逢う関数が「ガウス関数」だ。「ベルカーブ」（＝釣り鐘曲線）とか「誤差分布」と呼ばれることもある。実験データや統計調査の誤差はガウス関数にしたがう。どんな実験や調査にも誤差はつきものだから、ガウス関数は理科系のアイドルのような存在なのだ。

 ガウス関数にナニ（＝フーリエ変換）してもガウス関数のままである。「フーリエ変換」は、ふつうの空間 x から波数空間 k、あるいは、時間 t から周波数 f への（あるいはその逆の）変換だ。

 元の関数 $y(t)$ と、そのフーリエ変換 $\tilde{y}(f)$ は、次の関係にある。

$$\tilde{y}(f) = \int_{-\infty}^{\infty} y(t) e^{-2\pi i f t} dt$$

$$y(t) = \int_{-\infty}^{\infty} \tilde{y}(f) e^{2\pi i f t} df$$

なにやらむずかしげに見えるが、
$$e^{2\pi i f t} = \cos(2\pi f t) + i \sin(2\pi f t)$$
の部分は三角関数なのだから、それをかけて積分する行為は、関数 $y(t)$ や $\tilde{y}(t)$ に含まれる「周期的な成分」だけを抽出することにあたる。

え？ わかりにくい？ ええと、これは、ベクトルの成分を抽出するのと同じである。3次元のあるベクトルに x 方向の単位ベクトルをかける（＝内積をとる）と、ベクトルの x 成分だけが抽出されるではありませんか。

なぜ、そんなことが可能かといえば、「直交性」といって、x 方向と直交する成分はゼロになってしまうからだ。それと同じで、フーリエ変換の場合も、広い意味での内積とみなすことができて、三角関数の直交性から、周期的な成分以外はゼロになってしまうわけだ。

で、ガウス関数のフーリエ変換がガウス関数であるとは、

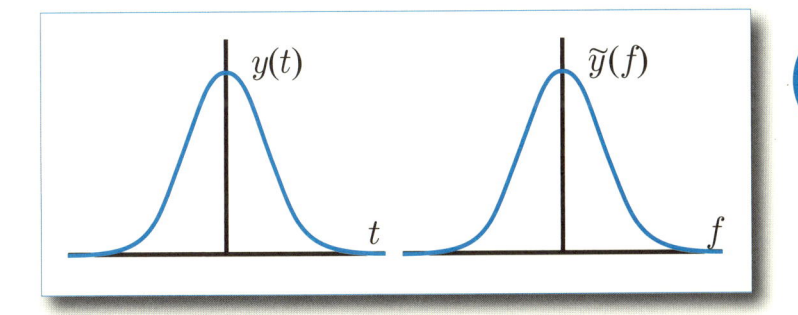

$$y(t) = e^{-\pi t^2}$$
$$\tilde{y}(f) = e^{-\pi f^2}$$

ということ。釣り鐘の形は、実世界でも波の世界でも崩れない。

フーリエ変換を実感するには、三角プリズムを思い浮かべればいい。三角プリズムで光の繰り返し構造（＝周波数もしくは波長）を抽出する行為は、数学的にはフーリエ変換を行

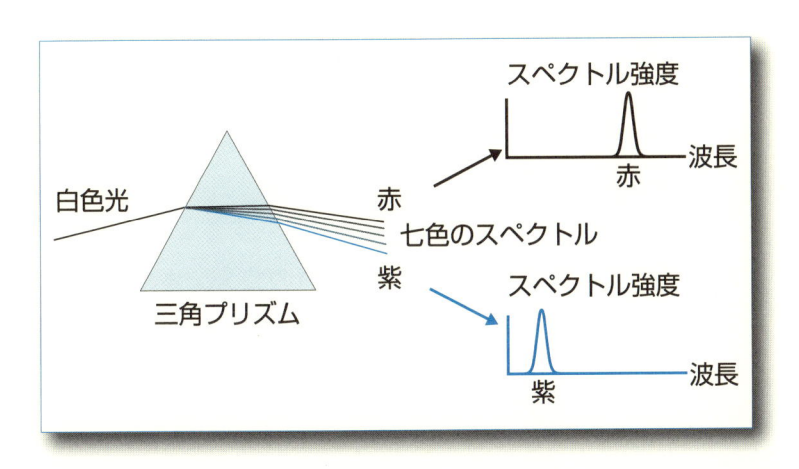

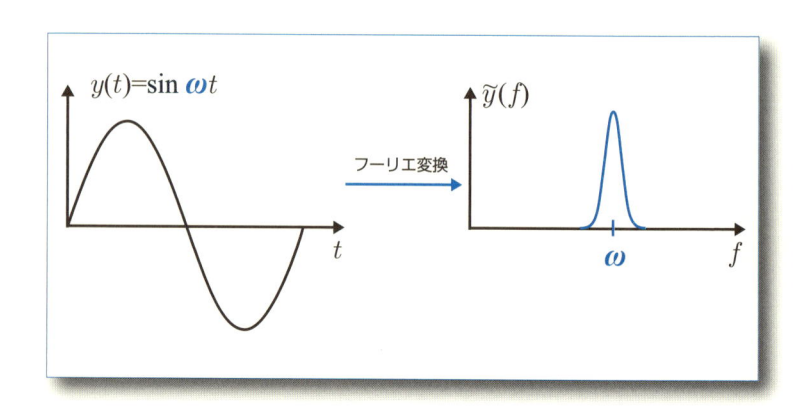

なっているのだ。あるいは、一番簡単な波の形である正弦波をフーリエ変換すれば、当然のことながら、その正弦波がもっている周波数が抽出される。

　こうやって考えれば、フーリエ変換、なにするものゾ、である。すでに難しさはどこかに消えているはずだ。

　フーリエ変換といえば、むかし、広告効果の分析の仕事をやっていて、TVコマーシャルの好感度調査のベスト10とワースト10をとってきて、その音楽のフーリエ変換をしたことがある。

　面白いことに、ベスト10の音楽をナニすると、それはほぼ$1/f^2$のグラフになり、ワースト10の音楽をナニすると、ほぼ$1/f$のグラフになった。比較のためにグラフを描いてみると、右ページ上段図のようになる（実線が$1/f^2$で破線が$1/f$）。

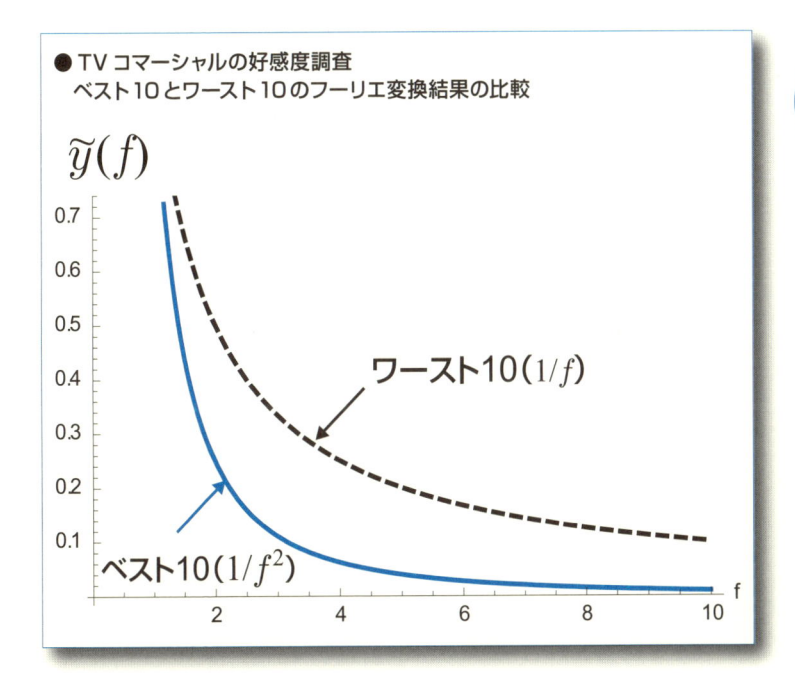

●TV コマーシャルの好感度調査
ベスト10とワースト10のフーリエ変換結果の比較

グラフ: $\tilde{y}(f)$ 縦軸 0.1〜0.7、横軸 f 2〜10。破線「ワースト10($1/f$)」、実線「ベスト10($1/f^2$)」。

　この分析の意味するところだが、周波数 f の2乗に反比例するというのは、要するにニュートンやクーロンの逆2乗の法則と同じ形ということであり、周波数が高くなるにつれて急激に減衰する、ということだ。高音成分がないということは、低音が効いている、ということかもしれない。

　また、f に反比例するのは、高い音の比率がゆるやかに減ってくる場合で、いわゆる「$1/f$ 分布」という奴である。心地よい、自然に存在する音は、「$1/f$ 分布」であることが多い（そうだ）。

たしかに、TV コマーシャルを見ていると、ビートの効いた低音のものと、小鳥のさえずりのような自然派の音楽に分かれるような気もする。

　しかし、ちょっと待てよ。何かがおかしい。もし「$1/f$ 分布は心地よい」という仮説が正しいのだとすれば、なぜ、コマーシャルの好感度調査では、結果が逆になっているのか。

なぜ、$1/f$ のよりも $1/f^2$ の方が好感度が高いのだろうか？

　これはオレの個人的な解釈だが、たしかに微風（そよかぜ）や海の波の音などは心地よい $1/f$ 分布なのだろうが、TV コマーシャルは、注目されて憶えられて初めて好感度調査の上位に登場するのだ。好感度といいつつ、もしかしたら、単なる「注目度調査」になっている可能性もある。

　視聴者は、自然派の CM は「心地よい BGM」として聞き流し、あまり深い印象をもたず、低音の効いた迫力ある CM には覚醒させられ、好感度調査のときにも思い出すことが多いのではあるまいか。

　最後は脱線したが、読者のみなさんも、どうか、ナニしても変わらない関数だけでなく、ナニしたら面白いことになる数学の事例を探してみてほしい。微分にせよ、フーリエ変換にせよ、回転にせよ、数学の醍醐味は、やはり、具体的にナニする行為にあると思うのである――。

コラム レオンハルト・オイラー（1707～1783）

　オイラーほど多大な功績を残した数学者はいないだろう。微分積分学から古典的な解析学まで、数学や物理学、工学のいたるところ彼の名を冠した業績が残されているのだ。

　オイラーは、ベルヌーイの定理（流体の流れに沿って成り立つエネルギー保存則）で有名なダニエル・ベルヌーイの父、ヨハン・ベルヌーイの下で数学を学ぶ。ここでオイラーは彼に才能を見いだされ、数学者となった。1727年、ダニエル・ベルヌーイのいるサンクトペテルブルクのアカデミーに招かれて物理学の教授となった。

　彼は、ベルヌーイ一家が解けなかった「バーゼル問題」、すなわち「$1/n^2$ の無限級数の和」を求めたことで一躍有名になった。これは115ページのゼータ関数の「$s=2$」の場合に当たる。

　オイラーの業績は、整数論、幾何学、複素数から力学、流体力学、あまりにも膨大である。彼の生涯200年を祝して始められた「オイラー全集」の編纂は、現在76巻でまだ完結していないのだから驚きである。彼の名前が残る公式だけでも、次のものがあげられる。関数を初めて $y=f(x)$ の形で表したのもオイラーである。

●数学
- オイラーの公式　　　　　（指数関数と三角関数の関係式）
- オイラーの多面体公式　　（多面体の頂点、辺、面の数に関する公式）

●物理
- オイラー方程式　　　　　（非粘性流体に関する運動方程式）
- オイラーの運動方程式　　（剛体の回転に関する運動方程式）
- オイラー・ラグランジュの方程式　（変分法による運動方程式）

11 ラグランジュの未定乗数法

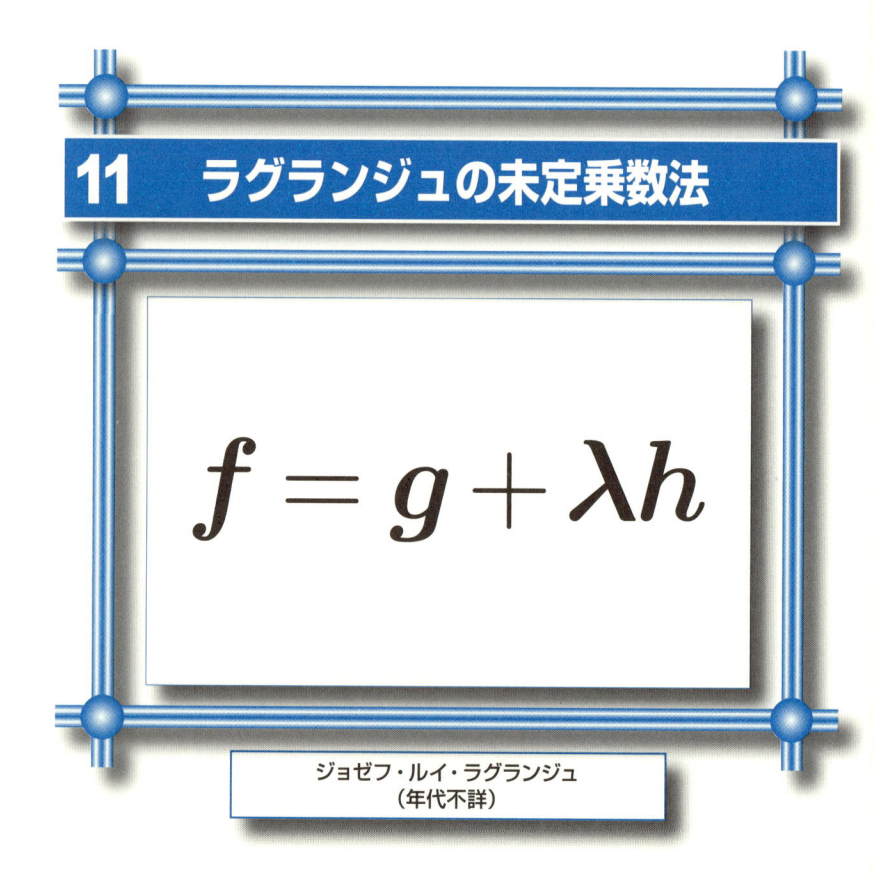

$$f = g + \lambda h$$

ジョゼフ・ルイ・ラグランジュ
（年代不詳）

鑑賞

　別にλ（ラムダ）でなくてもかまわないが、なぜか、数学の教科書では未定乗数といえばλが使われる。ラグランジュの頭文字のLに相当するギリシャ文字がλだからだろうか。

　われわれは学校で関数の最大・最小値の問題を延々と解かされるのだが、何かが一定という条件のもとでは、ラグラン

ジュのλを使うと使わないとでは、雲泥の差である。使わないと厖大な計算をしなくてはいけないのに、使えばカンタンな計算で済むからである。

こういうのは例題をやるのが一番なので、こんな問題をやってみよう。

問題 削られた鉛筆の体積が一定のとき、その表面積を最小にするには、どのような形状にすればよいか？

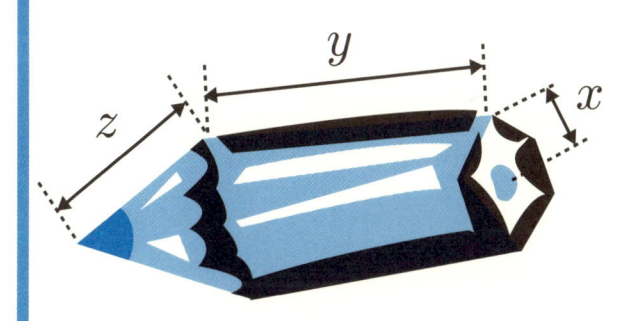

ヒント：円錐部分の表面積は、zに沿って切り目を入れると円の一部になる。完全な円との比はx：zである。)

まず、体積と表面積の数式を書いておこう。体積が、
$$\pi x^2 \left(y + \frac{1}{3}\sqrt{z^2 - x^2} \right)$$
で、表面積が、
$$\pi x (x + 2y + z)$$
になる。

通常であれば、体積の式を（たとえば）yについて解いて、それを表面積の式に代入し、xとzで微分してゼロとおいて答えを求めるのだが、かなり煩雑な計算になってしまう。

　天才ラグランジュは、次のような解法を考えついた。まず、体積一定という条件に（未定乗数）のλをかけて、表面積の式に足すのである。こんな具合に……。

$$f(x, y, z) = \pi x(x + 2y + z) + \lambda \pi x^2 \left(y + \frac{1}{3}\sqrt{z^2 - x^2} \right)$$

そして、このfをxとyとzについて微分してゼロとおくのである。

$$\frac{\partial f}{\partial x} = \pi(x + 2y + z) + \pi x$$
$$+ 2\lambda \pi x \left(y + \frac{1}{3}\sqrt{z^2 - x^2} \right)$$
$$+ \lambda \pi x^2 \left(\frac{1}{3} \times \frac{1}{2} \frac{-2x}{\sqrt{z^2 - x^2}} \right) = 0 \quad \cdots\cdots ①$$

$$\frac{\partial f}{\partial y} = 2\pi x + \lambda \pi x^2 = 0 \quad \cdots\cdots ②$$

$$\frac{\partial f}{\partial z} = \pi x + \lambda \pi x^2 \times \frac{1}{3} \times \frac{1}{2} \frac{2z}{\sqrt{z^2 - x^2}} = 0 \quad \cdots\cdots ③$$

②からλを求め、それを③に代入すると、xがzについて解ける。λとxを①に代入すると、yがzについて解ける。結局、

$$x : y : z = \sqrt{5} : 1 + \sqrt{5} : 3$$

のときに表面積が最小になることがわかる。もし、体積の値が具体的に与えられているのであれば、比ではなく、x、y、zの具体的な値も求まる。

　この問題、ぜひ、ラグランジュの未定乗数を使わない方法で解いてみてほしい。ラグランジュが、いかに便利な方法を開発したかがわかるはずである。

　なお、表面積を一定にして、体積を最大にする問題も同じようにして解ける（というか、比率は同じになる）。

　なんだか、無意味な問題だなぁ、と思った読者のために補足しておくと、ここで解いた問題は、中身が空洞だとすると、表面積を最小にするというのは、材料を最小にする、ということになり、たとえば、容量が1リットルのペットボトルを最低限の材料でつくる、というような実用的な問題になる。

　実際、なんらかの制限のもとで、ある関数を最大もしくは最小にするような問題は、工学のあらゆる場面に登場する。それどころか、経済的でもラグランジュの未定乗数法は頻繁に使われる。

$$f = g + \lambda h$$

として、g が国民の「幸福度」（経済の専門用語にうといのでスミマセン。効用とかいうのだそうだが……）だとしよう。h は日本政府が保障できるガソリン供給量で一定だとする。変数は個々の市民のガソリン消費量だ。もしもガソリン供給量に制限がなければ、国民は、各自の財政状況に応じて好きなだけガソリンを使うだろう。そのほうがいろいろな所に行かれて便利だからである。でも、それではガソリンが足りなくなるから、政府はガソリン税（たとえば $\lambda = -50$ 円）をかけて、ガソリン消費量を調整する。どんな λ がいいかは事前にはわからないが、いろいろ試しているうちに、$h = $ 一定のところに落ち着くはずだ。

　ガソリン供給量 $h = $ 一定という条件のもとで国民の幸福 g を最大にする問題なのである。

●参考書：

英語の教科書だが、オレがよく参考にするのが次の書籍。
『Mathematical Methods in the Physical Sciences 2nd edition』Mary L. Boas 著（Wiley）

コラム ジョゼフ・ルイ・ラグランジュ（1736〜1813）

オイラーと並んで18世紀最大の数学者。彼の初期の業績は、微分積分学の物理学、特に力学への応用であり、力学を一般化して、最小作用の原理に基づく、「解析力学」を生み出した。ラグランジュの生み出した「ラグランジアン」とハミルトンの生み出した「ハミルトニアン」は、自然のふるまいの数式化の1つの手法として、現代物理学の基盤となっている。

もしかすると読者がラグランジュに関してもっとも身近なのは、アニメシリーズ「ガンダム」でよく出てくる「ラグランジュ・ポイント」かも知れない。

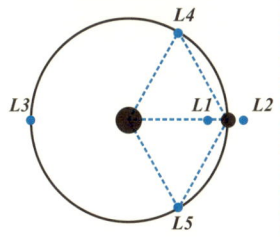

これは、たがいに回転し合う3つの質点の運動を、ラグランジアンという手法を用いて解析した結果得られた不思議な平衡点であり、主として右上図の5つの点が知られている。

「ガンダム」でよく出てくるのは、中心の黒丸が地球、右側の黒丸が月である場合であり、これらの平衡点に衛星や宇宙ステーションを置くと、位置制御のための燃料が少なくて済む。太陽と木星の組み合わせのL3点・L4点には、数多くの小惑星が集まっている。

中心の黒丸が太陽、右側の黒丸が地球である場合のL1点は太陽観測に適し、かつ衛星・地球間の通信リンクが太陽風によって邪魔されにくいため、太陽・太陽圏観測衛星が今も運用されている。またL2点では、太陽の衛星への影響を地球が遮るため、マイクロ波観測衛星（WMAP）が運用され、主として宇宙の背景放射の観測に従事している。宇宙の年齢137億歳を確定させたのもこの衛星である。

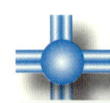

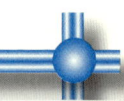

12　無限に高く無限に狭い？デルタ関数

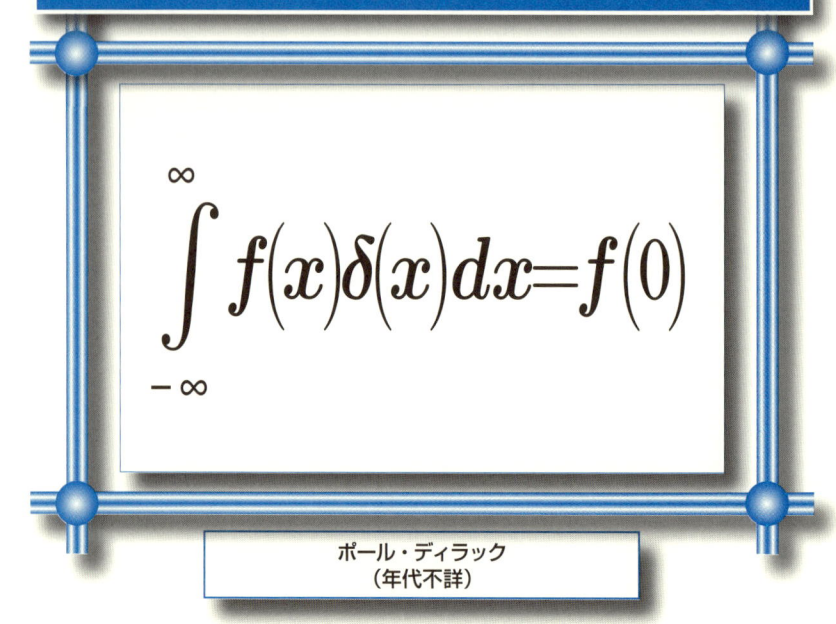

$$\int_{-\infty}^{\infty} f(x)\delta(x)dx = f(0)$$

ポール・ディラック
（年代不詳）

鑑 賞

　デルタ関数は、$\delta(x)$ で表される「関数」である。いや、ホントは関数ではない。う〜ん、いったいオレは何を言っているのだ？

　数学者の前でデルタ「関数」などと言おうものなら、烈火のごとく叱られるか、物知らぬ素人め、と冷ややかな視線を

浴びるのがオチである。発見者の名前をとって「ディラックのデルタ」と呼んだほうが無難だ。

とはいえ、「ではディラックのデルタとは何ですか？」と数学者に質問でもしようものなら、「それは超関数じゃ」とか、「それは測度じゃ」とか、どんどんと「不条理という名の煉獄」に墜ちてゆくことになるので、とりあえず、「関数」と呼んでおこう。

オレは科学作家なので、多少、いい加減でも文句はあるまい……いや、実は、数学の本を出すたびに、必ずといっていいほど、大学の偉い数学の先生から叱責のお手紙を頂戴するのである。

以前、ある映画字幕翻訳者が同じように嘆いているのをどこかで聞いた憶えがある。字幕は字数が限られているので、正確な翻訳はできないのが実状だそうだが、映画が公開されるたびに、大学の英文学の教授から叱責の手紙が来るのだという。それと同じだ（汗）。

閑話休題（それはさておき）。

関数 $f(x)$ にデルタ関数 $\delta(x)$ をかけて積分すると、関数の $x=0$ の値が抽出される

というのが、冒頭の式の意味である。では、$f(x)=1$ という定数関数だったらどうなるのか。もちろん、

$$\int_{-\infty}^{\infty} \delta(x)dx = 1$$

になる。これは、デルタ関数の「総面積が1」ということを意味する。

しかしながら、どんな関数 $f(x)$ でも、デルタ関数をかけると $x=0$ だけが抽出されるということは、デルタ関数は「$x=0$ 以外ではゼロ」ということを意味する。

つまり、図示するのであれば、デルタ関数はこんな恰好になる。

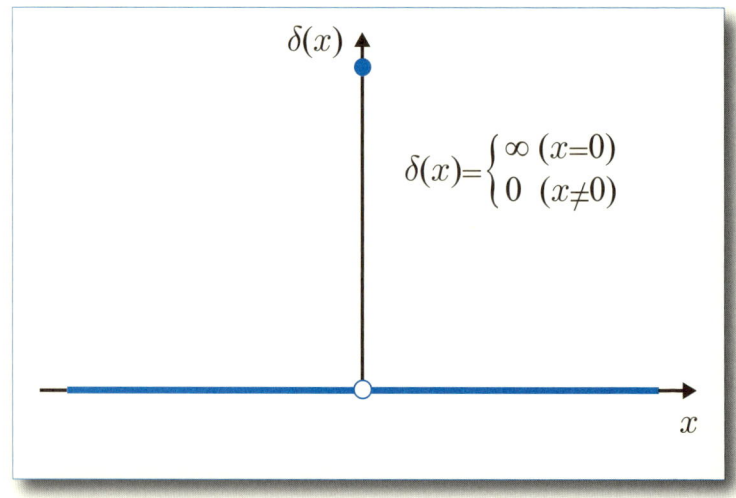

$$\delta(x) = \begin{cases} \infty & (x=0) \\ 0 & (x \neq 0) \end{cases}$$

そもそも関数というのは、x の値が決まると $f(x)$ の値が一通りに決まるような代物である。デルタ関数も x の値が決まると $\delta(x)$ の値が決まる。x がゼロ以外であれば

$$\delta(x) = 0$$

であり、$x=0$ なら、

$\delta(0) = $ 無限大？

そう、なにしろ、デルタ関数の総面積は 1 なのに、値が存在するのは 0 という一点だけなので、総面積の計算は、

$$0 \times \infty = 1$$

とやるしかない！

これは、面積が 1 の長方形の恰好の関数の底辺をどんどん短くしていって、でも、面積は 1 のままにしたいので、高さをどんどん高くしていって、その極限として、底辺が 0 で高さが∞になったような代物だ。

こんなものは、もはや、関数とは呼べない（だから、数学者は「超関数」とか「測度」と呼ぶのである）。

哀しいかな、デルタ関数は、積分記号の中にしか棲むことができない。積分記号とワンセットになって、幽霊屋敷のごとく、迷った関数が扉をあけて入ってくるのを待ちかまえているのである。屋敷に入った関数 $f(x)$ は、あっという間に骨抜きにされて、$f(0)$ にされて、外にポイっと棄てられてしまう！　これは、もう、ホラーの世界なのである。

関数の顔をしていて、実は関数ではない。デルタ関数は、今日も正体不明の幽霊のごとく、（数学者以外の）科学者やエンジニアを苦しめるのであった……。

13　ドレイクの方程式

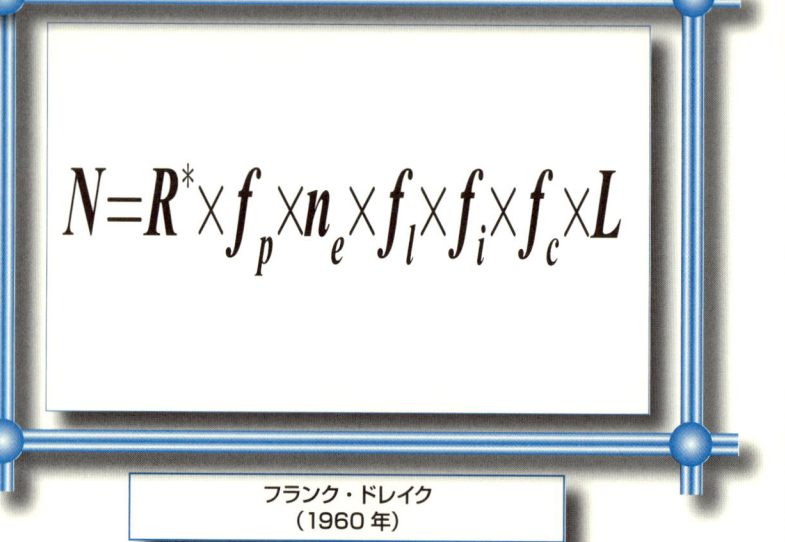

$$N = R^* \times f_p \times n_e \times f_l \times f_i \times f_c \times L$$

フランク・ドレイク
(1960年)

鑑　賞

　地球外の知的生命探査（SETI）の基本式である。アメリカの天文学者、フランク・ドレイクが1960年に考案した。12人の科学者が集まって、地球外の知的生命体について論じた「グリーン・バンク会議」で初めて披露されたため、「グリーン・バンク方程式」とも呼ばれる（グリーン・バンクは

アメリカのウエスト・バージニア州の地名)。

　亡くなったカール・セーガンが多用したため、「カール・セーガン方程式」と呼ばれることがあるが、最初に考えたのはドレイクである。

　式の中身であるが、N は、われわれの銀河に存在する文明の数。この数が多ければ多いほど、われわれは、宇宙人との（電波による？）コンタクトが可能になる。

　R^* は、われわれの銀河で星が形成される割合。f_p は、その星のうち、惑星をもっている割合。n_e は、そういった星のうち、生命を育む可能性のある惑星の平均数。f_l は、そのうち、実際に生命が誕生する割合。f_i は、そのうち、知的生命体が誕生する割合。f_c は、そのうち、充分な科学技術の発展がみられ、宇宙に（電波などを）情報を発信する割合。最後に、L は、そういった文明が宇宙に情報を発信し続ける年月。

　複雑なようだが、この7つのパラメーターにより、われわれの銀河に存在するであろう文明の数が決まるというのだ。

　ドレイク自身による推定値は、

$$N = 10 \times 0.5 \times 2 \times 1 \times 0.01 \times 0.01 \times 10,000 = 10$$

となっており、年間10個の星が産まれ、その半分が惑星をもち、生命が産まれる可能性のある星は平均2個で、そこで実際に生命が誕生する確率は100％で、そういった生命の1％が知的で、その1％が宇宙に情報を発信し、そういった

文明は1万年は存続する、という推定なのだ。

　もちろん、ドレイクの推定が正しいかどうか、誰にもわからない。現在の天文学の知識を加味して数字を修正している人もいるが、7つのパラメーターのどれかが大きくはずれてしまえば、結果が全くちがってくるため、ドレイクの式が実際の文明数を示すと考えている人は少ない。

　ドレイク自身は、地球外の文明の数、という途方もない難問が、「たった7つの数に集約される」ことを強調したかったようだ。

　はたして、われわれの銀河には、文明はいくつあるだろうか。たった一つなのか、それとも何百、何千、あるいはもっとたくさん？　読者も、ご自分の感性で、7つのパラメータを推定してみてはいかがだろう。

Chapter-2
第2分館
数と数学館

14 クオータニオン

$$i^2 = j^2 = k^2 = ijk = -1$$

ウィリアム・R・ハミルトン
(1843年)

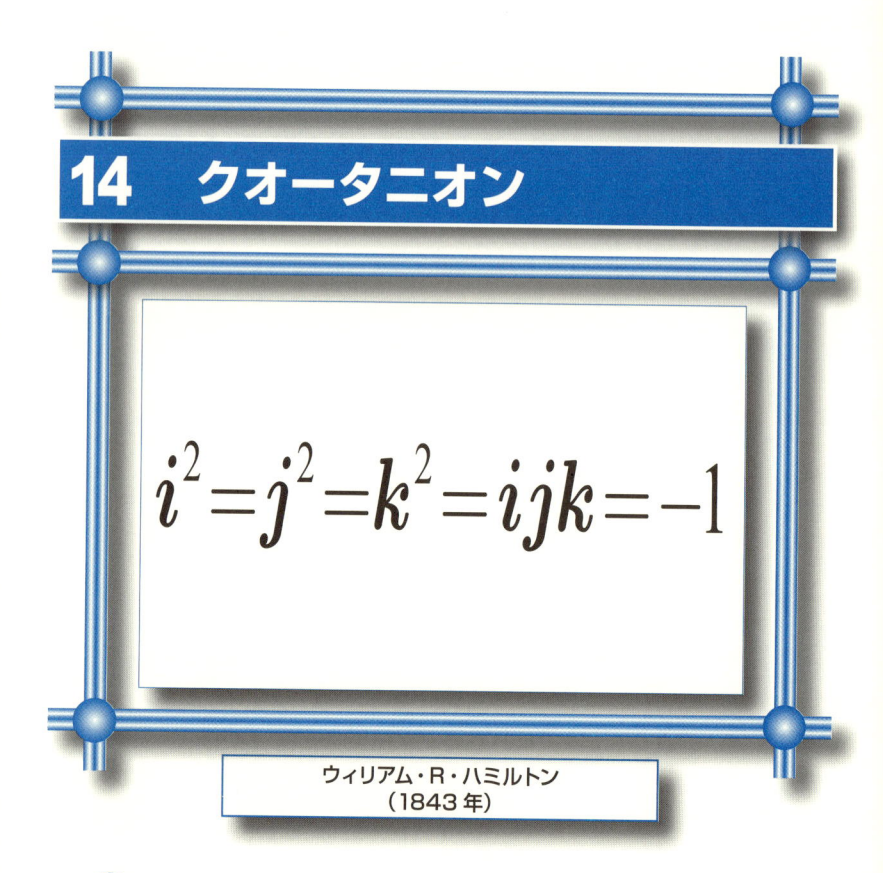

鑑 賞

　世の中には「虚数」と聞くと拒絶反応を示す人も多い。しかし、虚数くらいで驚いてもらっては困る。ここに出てきたクオータニオンは、虚数をはるかに超えた力をもっている。実際、虚数単位の i のほかに、j と k というワルがつるんでいて、三人組で世界をグルグル廻してやろう、と企んでいる

のである。

i だけなら、平面でくらくらするだけかもしれないが、i と j と k がつるむと、恐ろしいことが起きる。三人寄れば文殊の知恵とはよく言ったもので、クオータニオンは、3次元グラフィックスの世界を支配するマフィアと化すのである。

冒頭の式の意味を説明しよう。

まず、虚数単位と同じで、j と k も二乗するとマイナス1になる。しかし、彼らは「つるんでいる」ので、i と j と k を掛けてもマイナス1になるのである。ところが、

「それなら、kji もマイナス1ですか？」

と訊ねると、彼らは、ニヒルな笑いを浮かべてわれわれを小馬鹿にする。実際、$kji = +1$ なのである！　その理由は、彼らの「変化」の技にある。

i と j と k は、互いに入れ替わることができる。i と j をかければ k に変身する（$ij = k$）。同様に、j と k をかければ i に変身する。そして、k と i をかけると j に変身するのだ。

ところが、かける順番が逆になるとマイナスが入ってくる。たとえば、k と j をかけると $-i$ に変身するのである。

しかし、彼らの官憲の目を欺く変化の術も、ハミルトン卿にかかってはひとたまりもない。そこには簡単に見破る方法がある。

次ページの図のように、右回りであれば単純に「次」の人に変身するのであり、左回りであれば「次にマイナスをかけた」人に変身するのである。

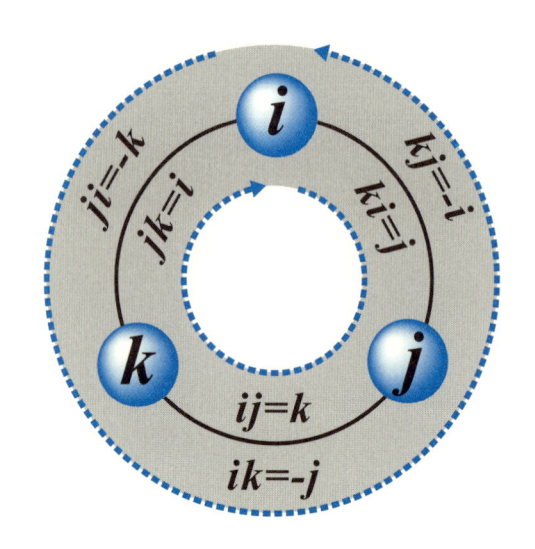

図中: $ji=-k$, $jk=i$, $kj=-i$, $ki=j$, $ij=k$, $ik=-j$

　ところで、クオータニオン（quaternion）の日本語は「四元数」であり「三元数」ではない。いったい、どうなっているのか。

　実は、虚数 の場合も実数と一緒になって「二元数」、いいかえると複素数（complex number）になっていたのだ。複素数というのは、別に「コンプレックス」をもっている数という意味ではない。最近流行りの商業施設と映画館の複合施設の「コンプレックス」と同じ意味である。複合的な数なのである。

　同様に、クオターニオンも、忍者のような三人組が実数と一緒になって「四元数」になるのだ。

　さて、ここらへんで、クオータニオンが世界をグルグル廻す「からくり」を説明せねばなるまい。といっても、クオー

タニオンの技術本ではないので、例をあげるだけだが、あしからず。

例 下向きの単位ベクトルを x 軸のまわりに 90 度回転させる（下図参照）。

どんな座標系を使うかによって説明も変わってくるのだが、ここでは、いわゆる「NED 座標系」を使うことにしよう。これは、下図のように飛行機の前方が North、右翼が East、下方が Down ということだ。頭で想像すればすぐわかるように、下向きの長さ 1 のベクトルを x 軸のまわりに 90 度回転させれば、結果は左翼向きの長さ 1 のベクトルになるはず。

これを計算では、次のようにやる。

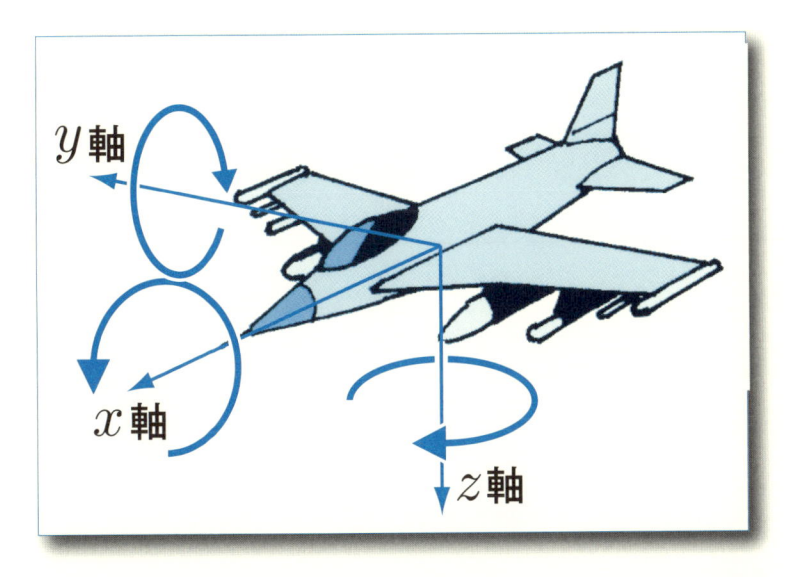

まず、最初のベクトルは、

$$k$$

である（i が x 軸方向、j が y 軸方向、k が z 軸方向だから！）。これに x 軸まわりの 90 度の回転をあらわすクオータニオンとその共役クオータニオンで左右から挟んでやる。こんな具合に。

クオータニオン　　　共役クオータニオン
$$\left(\frac{1}{\sqrt{2}} + \frac{1}{\sqrt{2}}i\right) k \left(\frac{1}{\sqrt{2}} - \frac{1}{\sqrt{2}}i\right)$$

元のベクトル

すると、クオータニオンの基本的な計算を順次遂行することにより、

$$= \frac{1}{2}k + \frac{1}{2}ik - \frac{1}{2}ki - \frac{1}{2}iki$$

$$= \frac{1}{2}k - \frac{1}{2}j - \frac{1}{2}j - \frac{1}{2}ij$$

$$= \frac{1}{2}k - \frac{1}{2}j - \frac{1}{2}j - \frac{1}{2}k$$

$$= -j$$

となって、たしかに y 軸のマイナス方向、すなわち「左翼」を向いた長さ 1 のベクトルになることがわかる。

第2分館 数と数学館 ◆ 14 クオータニオン

一般に、x軸のまわりの角度ψの回転は、

$$\cos\frac{\psi}{2} + i\sin\frac{\psi}{2}$$

y軸のまわりの角度θの回転は、

$$\cos\frac{\theta}{2} + j\sin\frac{\theta}{2}$$

z軸のまわりの角度ϕの回転は、

$$\cos\frac{\phi}{2} + k\sin\frac{\phi}{2}$$

というクオータニオンであらわされる。この共役をつくり、左右から元のベクトルを挟めば、自由自在に3次元空間で回転を行なうことができる。3次元のコンピュータグラフィックスはクオータニオンが支配する！

クオータニオンは、かける順番を逆にすると結果がちがうため、いわゆる「交換関係」がなりたたない。ハミルトンは、4つの数の「まともな演算」を探し続けていたが、1843年の10月16日のこと、たまたま妻とダブリンのロイアル・キャナルを散歩していたとき、突如として、

$$i^2 = j^2 = k^2 = ijk = -1$$

という数式がひらめいたのだという。そして、急いでブルーム橋に数式を彫りつけたそうだ。複素数を拡張するとき、2つから3つではダメで、4つの数が必要となり、しかも交換関係は犠牲にせざるをえない。

まったく新しい代数が誕生した瞬間である。

ところで、ハミルトンは、もともと語学がすごく得意で、12歳のときに12カ国語を操った、という逸話まで残っている。ラテン語、ギリシャ語、アラビア語、シリア語、フランス語、イタリア語……なんでもござれだったそうだ。

また、詩人のワーズワースとも親友で、自らも好んで詩を書いてワーズワースに送りつけていたが、あるとき、「君は数学をやっていたほうが無難だ」と婉曲に詩の才能がないことを告げられたとか。下手な詩を大量に読まされて、ワーズワースは、さぞかし閉口していたにちがいない。

ハミルトンは、大学卒業前にすでに天文学の教授となり、アイルランドの王立天文学者の称号までもらうほどの天才だったが、晩年は自らが発見したクオータニオンの研究にのめり込み、周囲からは「頭がおかしくなった」と思われていたようで、アル中となり、死んだときには、大量の未発表の遺稿が、酒と肉汁の染みにまみれて残っていたらしい（肉汁というのは、本人が惨殺された、という意味ではなく、酒と肉汁スープで原稿が汚れていた、という意味である。念のため）。

●参考書：
『ハミルトンと四元数　人・数の体系・応用』堀源一郎著（海鳴社）

コラム　ウィリアム・ローワン・ハミルトン（1805～1865）

ハミルトンは、16歳にしてニュートンの『プリンキピア』を理解し、17歳にしてラプラスの『天体力学』に誤りを見つけ、光学への数学の応用、ハミルトニアンの提案と解析力学の発展や代数系の基礎付けなど、前半生は卓越した才能を発揮し、「ニュートンの再来」とも呼ばれた。

彼の功績は、ハミルトン路の他、ハミルトニアン、ケイリー・ハミルトンの定理、四元数など、今では他の研究者に比べて比較的わかりやすいものが多い。

ハミルトニアンは、古典力学ではエネルギー、量子力学ではその演算子に対応し、現代物理学には不可欠のものとなった。ケイリー・ハミルトンの定理は、行列の次数を下げるために不可欠な関係式で、2次行列の場合は高校数学にも登場する。

彼は後半生を、四元数（クオータニオン）の研究に捧げた。複素数を実数と演算規則によって公理化したハミルトンは、複素数を多次元以上に拡張することに力を注いだが、三次元ではうまくいかなかった。ところが1843年のある日、ダブリン郊外のロイヤル運河沿いを奥さんと歩いている時、四元数の式が突然ひらめいた。興奮のあまり、この時ちょうど渡っていたブルーム橋の欄干にナイフで式を刻み付けたという。

四元数は交換則が成立しないところが斬新で、ハミルトンは、四元数の実用化に没頭した。しかし、この研究成果を著した『四元数講義』は理解されず、次に『四元数の基礎』を著するがこれも生前には出版されなかった。

現在では四元数は、コンピュータグラフィックスや人工衛星などの姿勢制御など、回転するシステムのコントロールに多用されているが、このような実用化に至るまでには100年ほどの年月が必要であった。

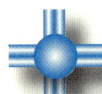

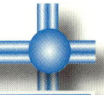

15　オクトニオン

x	1	i	j	k	l	il	jl	kl
1	1	i	j	k	l	il	jl	kl
i	i	-1	k	$-j$	il	$-l$	$-kl$	jl
j	j	$-k$	-1	i	jl	kl	$-l$	$-il$
k	k	j	$-i$	-1	kl	$-jl$	il	$-l$
l	l	$-il$	$-jl$	$-kl$	-1	i	j	k
il	il	l	$-kl$	jl	$-i$	-1	$-k$	j
jl	jl	kl	l	$-il$	$-j$	k	-1	$-i$
kl	kl	$-jl$	il	l	$-k$	$-j$	i	-1

ジョン・T・グレイヴズ（1843年）
アーサー・ケイリー（1845年）

鑑賞

　クオータニオンはあってもオニオン（＝玉葱）はないだろう。はっはっは！」そんな感想をもたれた読者がいたら大変恐縮だが、オニオンという数はないものの、オクトニオンと

いうのは存在する。日本語にすれば「八元数」である。

クオータニオンは交換しない数、いいかえると「かける順番が逆になると答えもかわる」ような数だった。オクトニオンは、さらに輪をかけて、「結合関係」もなりたたなくなる。それは、

$$(ij)l = -i(jl)$$

となって、$(ij)l = i(jl)$ がなりたたない、という意味だ。3つの要素をどう結合させるかで結果がちがってくるのである。むろん、通常の数では、このようなことはありえない。

クオータニオンとちがって、あまり現実的な応用がないようにも思われるが、もしかしたらオレの知らないところでバンバン使われているのかもしれない。ちょっと調べただけではわからないので、もしご存じの方がいらしたら教えてほしい。

量子力学は実数ではなく複素数で記述されるわけだが、当然のことながら、量子力学をクオータニオンやオクトニオンで記述する仮説を提唱している物理学者もいる。

ただし、今のところ、複素数からクオータニオンやオクトニオンに拡張することにより、量子力学において目に見える効果は観測されていないようだ。

●参考 URL： http://math.ucr.edu/home/baez/octonions/

＊オクトニオン
英語で蛸のことを「オクトパス」というが、「オクト」は「八」という意味である。

16　フィボナッチ数列

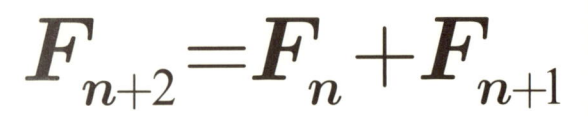

$$F_{n+2} = F_n + F_{n+1}$$

ただし $F_0 = 0, F_1 = 1$

ピサのレオナルド
(1202年)

鑑賞

　レオナルド・ダ・ピサ（ピサのレオナルド）が発見した数列である。なぜ、ピサのレオナルドなのに「フィボナッチ」

＊注
実際にはフィボナッチ数はピサのレオナルドより前にインドの数学書に記載されていたそうである。

かといえば、フィボナッチは「ボナッチの息子」を意味し、実際、彼の父親はボナッチという名前だったからである（レオナルド・ダ・ヴィンチ、すなわちヴィンチ村のレオナルドとは何の関係もない、念のため）。

レオナルドは、次のような問題を考えた。

問題 1番(つがい)のウサギが、産まれて2ヶ月後から、毎月1番(つがい)のウサギを産む。1年後にウサギは何番(つがい)になる？

これは面白い問題だが、0ヶ月目、1ヶ月目、2ヶ月目、3ヶ月目……と番(つがい)の数を勘定してゆくと、答えは、

　1、1、2、3、5、8、13、21……

となっていき、要するに、前の2つの数字を足したのが新しい数字になるのだ。

一般項は面白いことに、

$$F_n = \frac{\psi^n - (1-\psi)^n}{\sqrt{5}}$$

となり、ここで、

$$\psi = \frac{1+\sqrt{5}}{2}$$

は彼の有名な「黄金比」である。nが大きくなってゆくと、隣り合うフィボナッチ数の比は徐々に黄金比そのものに近づいてゆく。

応用例としては、次のようなものが有名（？）だ。

応用 n 段の階段をワンステップ1段もしくは2段で上るとき、可能な場合の数は F_{n+1} 通りある。

なお、フィボナッチが、なぜ、冒頭のウサギの番(つがい)にそれほどまでに興味を抱いたのかについては、いろいろと調べてみたが、オレにはわからなかった（誰か知っていたら教えてくれ！）。

もちろん、数学者がおかしい、などと言うつもりはない。

数学者以外の人間が数学の問題を考えるのは、それが何かの役に立つからだが、数学者が数学の問題を考えるのは、それが何かの役に立つからではなく、それ自体が楽しいからなのだ（と思う）。

コラム フィボナッチ数列と自然の数列

右図のように、らせん状に生育する、松ぼっくりや、花弁、ヒマワリの種などの数はフィボナッチ数列をなす。

フィボナッチ数列は下図のように図示することができる。内側の辺をカバーするように生物が成長していったと仮定すると、この現象を理解することができる。

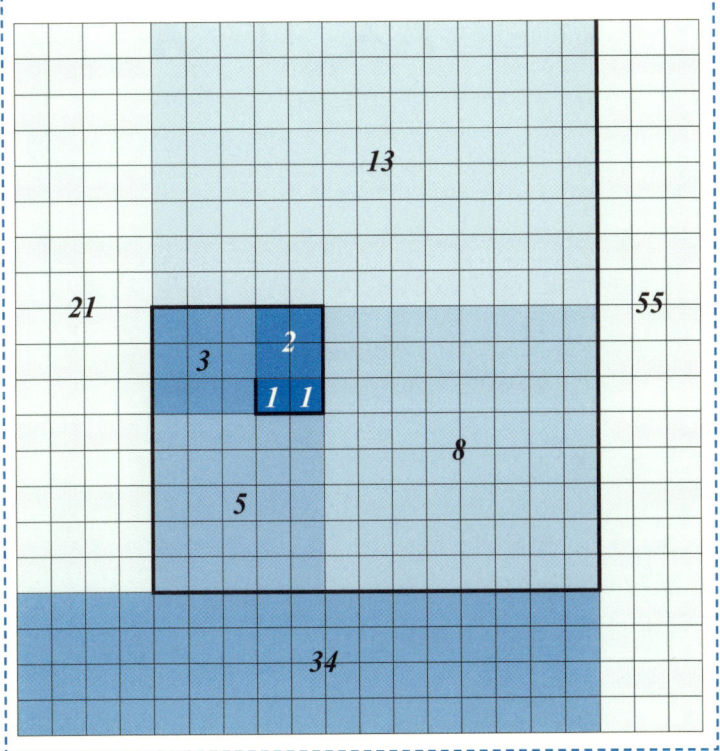

17 生き物の公式

$$X_{n+1} = rX_n(1 - X_n)$$

ロバート・メイ、ジム・ヨーク、ジョージ・オスター
（1976年）

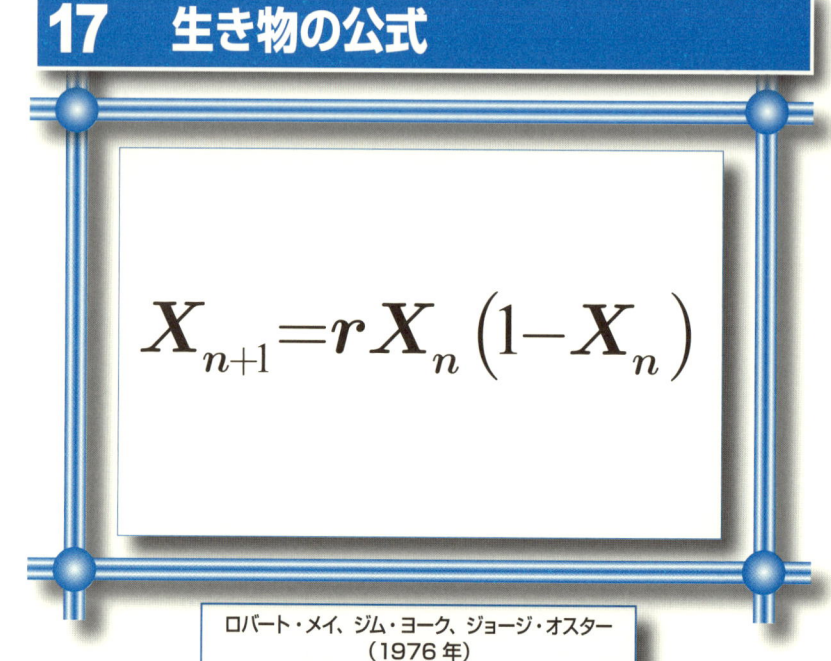

鑑賞

　フィボナッチ数列が出たついでに、もっと面白い数列をご紹介しておこう。この何の変哲もない数列は、「ロジスティック写像」と言われ、生物学者のロバート・メイがネイチャー誌に論文を書いてから急速に有名になった。

X_n は時間 n における生物の数であり、X_{n+1} は時間 $(n+1)$ における生物の数である。正確にいうと生物の個体密度である。たとえば限られた大きさの池にいるカエルの密度は、最大で 100％（＝池一杯のカエル！）、最小で 0％（＝カエル絶滅！）になる。n は 2001 年とか 2003 年というように年をあらわすと考えていただきたい。

実はオレの好きな『夜中に犬に起こった奇妙な事件』（マーク・ハッドン、小尾芙佐訳、早川書房）という小説がある。自閉症の子供の精神世界と冒険を描いた秀作だが、その主人公の子供が数学好きで、この公式について述べるくだりがある。

「そしてときどきものごとは非常に複雑なものだから、それらがつぎにどうなるかを予言することは不可能に見えるが、じつはそれらはまったく簡単な法則にしたがっているのだ。

そしてそれはこういうことだ、ときどきカエルの全個体数、あるいは虫や人間の全個体数がなんの理由もなく死に絶えることはありうる、それが数字の動きだという理由だけで。」

そこには、次のような3つのグラフが載っている。

まずこれは係数 r が1と3の間の場合で、カエルの個体数は一定になるのである（次ページ上図）。

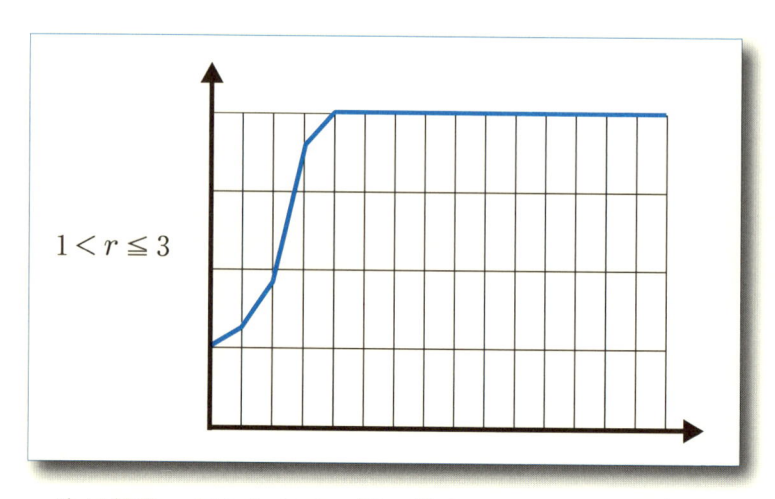

$1 < r \leqq 3$

次は係数 r が 3 と 3.57 の間の場合で、カエルの個体数は 2 つの値の間をいったりきたりする(下図)。

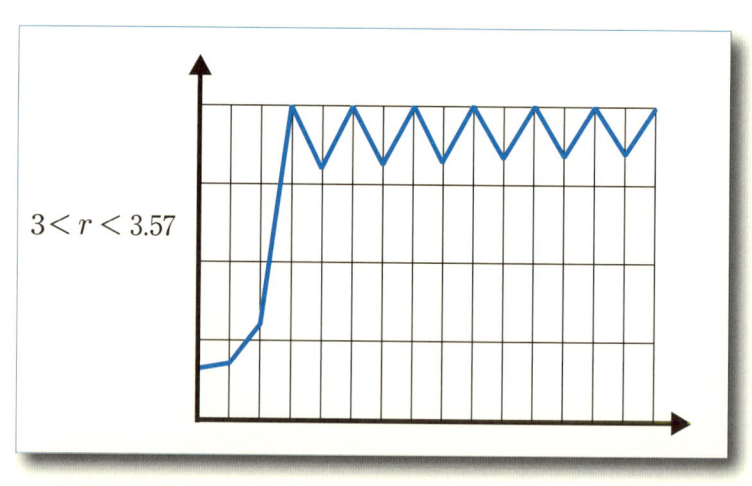

$3 < r < 3.57$

次は係数 r が 3.57 より大きい場合で、カエルの個体数は一見「めちゃくちゃ」な増減を示すようになる。これが「カ

$3.57 < r$

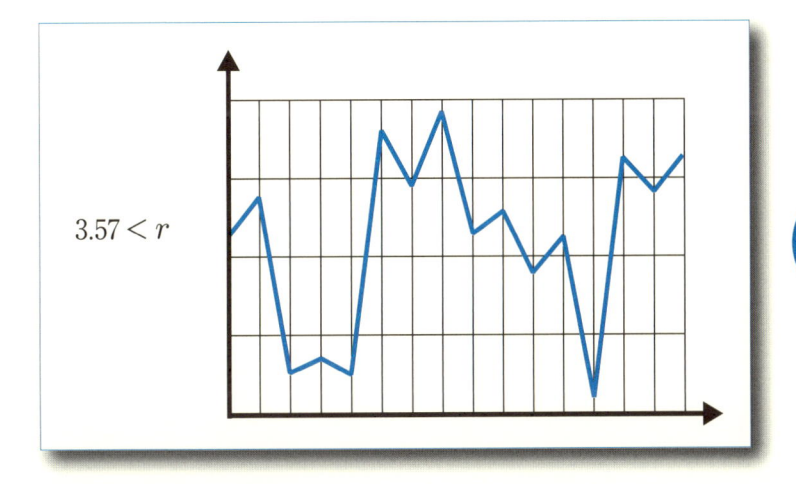

オス」である(上図)。

　ちなみに係数 r が 1 より小さいときは個体数はどんどん減っていってゼロになってしまう。

　この公式により、何年もたったときの池の中のカエルの数がどんな個体数の可能性をもつかをグラフにしてみると、次ページのようになる。

　たしかに、係数 r が 1 より小さいときは、カエルの運命は個体数ゼロ、すなわち「絶滅」しかない。係数 r が 1 から 3 までの間なら、カエルの個体数は r の大きさに応じて増えてゆく。係数 r が 3 から 3.57 までは 2 つの個体数の可能性に枝分かれし、さらに 4 つに分かれ、係数 r がもっと大きくなるとカオス状態に陥り、事実上、個体数の予言はできなくなってしまう。

　地球温暖化とか天敵とかに関係なく、カエルの個体数の単

●個体数の収束値

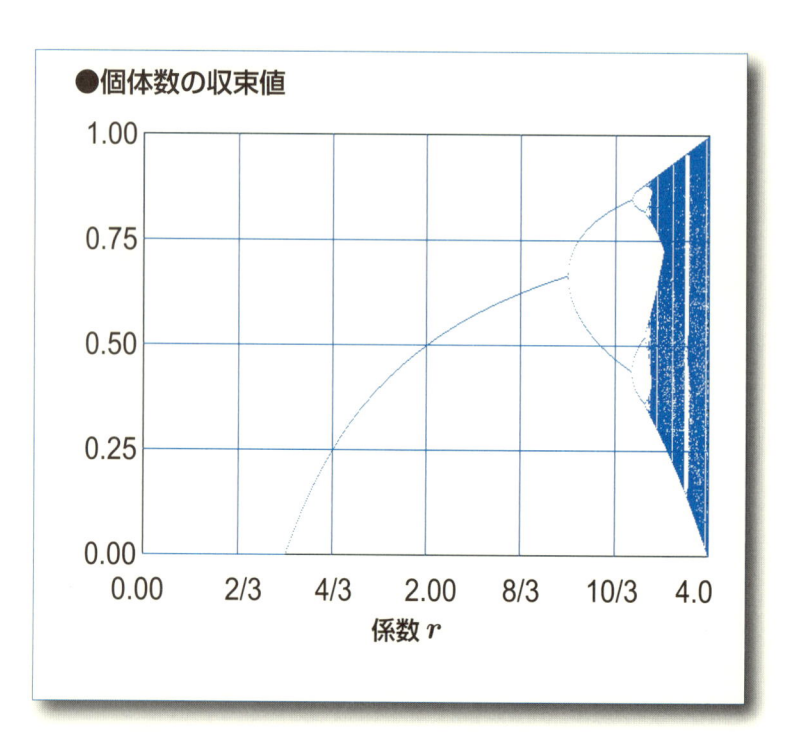

純な公式しか存在しないとしても、年によってカエルの数が大きく変動することはありうる。

　こんな簡単な式に驚くほどの「複雑性」が秘められているのだ。数学とは実に奥深いものではないか。

● 論文：

R.M. May (1976). "Simple mathematical models with very complicated dynamics". Nature 261: 459

コラム　ロジスティック方程式とロジスティック写像

ロジスティック方程式は、1838 年にベルハルストが、人口増加を説明するモデルとして考案したもので、彼が「兵站学」(ロジスティクス) 教官であったためロジスティックと命名

$$\frac{dN}{dt}=rN(L-N)$$

したといわれる。兵站学とは一般に、軍隊における、弾薬・燃料・食料・医薬品などの補給・輸送や、武器・装備の性能維持のための整備などを指すもので、後方補給とも呼ばれる。

この関係式は、次の条件を満たすものとして定義される。
・$N=0$ では、増加率が 0 になる。
・N が増加するにつれ、増加率は減少する。
・環境の限度 L の制限によって、$L=N$ のとき増加率は 0 になる。

簡単にいうと、$N=0$ の場合と $N=L$ の場合で 0 となる、上に凸の二次関数であり、$0<N<L$ の場合には人口が増加し、$L<N$ の場合には人口が N になるまで減少する。

この方程式自体は連続時間の微分方程式として、19 世紀から知られていたものであり解は解析的に求められるが、時間を離散的にすると極めて複雑な振舞いをすることが 1976 年ロバート・メイによって明らかにされたもの。連続的ならスムースなのに、世代間などを表す瞬間にめちゃくちゃなふるまいをするという、極めて不思議な関係式である。

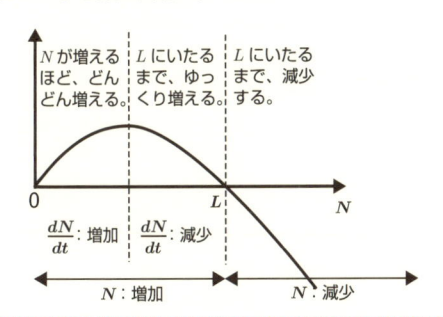

18 カルダノの公式

$$ax^3+bx^2+cx+d=0$$

$$x=\begin{cases} -\dfrac{b}{3a}+\sqrt[3]{-\dfrac{q}{2}+\sqrt{\left(\dfrac{q}{2}\right)^2+\left(\dfrac{p}{3}\right)^3}}+\sqrt[3]{-\dfrac{q}{2}-\sqrt{\left(\dfrac{q}{2}\right)^2+\left(\dfrac{p}{3}\right)^3}} \\ -\dfrac{b}{3a}+\omega\sqrt[3]{-\dfrac{q}{2}+\sqrt{\left(\dfrac{q}{2}\right)^2+\left(\dfrac{p}{3}\right)^3}}+\omega^2\sqrt[3]{-\dfrac{q}{2}-\sqrt{\left(\dfrac{q}{2}\right)^2+\left(\dfrac{p}{3}\right)^3}} \\ -\dfrac{b}{3a}+\omega^2\sqrt[3]{-\dfrac{q}{2}+\sqrt{\left(\dfrac{q}{2}\right)^2+\left(\dfrac{p}{3}\right)^3}}+\omega\sqrt[3]{-\dfrac{q}{2}-\sqrt{\left(\dfrac{q}{2}\right)^2+\left(\dfrac{p}{3}\right)^3}} \end{cases}$$

$$\begin{cases} \omega=\dfrac{-1\pm i\sqrt{3}}{2} \\ p=\dfrac{c}{a}-\dfrac{1}{3}\left(\dfrac{b}{a}\right)^2 \\ q=\dfrac{d}{a}-\dfrac{1}{3}\left(\dfrac{b}{a}\right)\left(\dfrac{c}{a}\right)+\dfrac{2}{27}\left(\dfrac{b}{a}\right)^2 \end{cases}$$

ジェロラモ・カルダノ
(1545年)

鑑賞

なんとも複雑な公式だが、これが、三次方程式、

$$ax^3 + bx^2 + cx + d = 0$$

の解の公式である。通常は、変数変換により、二次の項を消去してしまい、三次の項の係数も 1 として、

$$x^3 + px + q = 0$$

の形で書かれることが多い。

練習 どんな変数変換でこれが達成されるか？

この形での解の公式は、発見者の名前をとって「カルダノの公式」と呼ばれている。カルダノの公式は、おそらく大学入試にも出ないし、ほとんどの人は大学でも教わらないだろう。なぜ二次方程式までしか学校で教わらないのかは謎だが、日常生活でほとんど使う機会がないからかもしれませんな。

実際問題として、二次方程式の解の公式は暗記できるけれど、カルダノの公式を暗記している人はほとんどいないだろう。複雑すぎて暗記には適さない。

ここでは、ちょっとしつこく三次方程式を解いてみよう。そんなしちめんどくさいことは御免だ、という人は、以下、次のページの囲みの部分は読み飛ばしていただいて結構。数学は常に「自由」に楽しむべし。

●三次方程式の解法

まずは、

$$x^3 + px + q = 0$$

から始めて、これを「因数分解」することを考える。ただし、

$$
\begin{aligned}
x^3 &+ y^3 + z^3 - 3xyz \\
&= (x+y+z)\left(x^2+y^2+z^2-zx-xy-yz\right) \\
&= (x+y+z)\left(x+\omega y+\omega^2 z\right)\left(x+\omega^2 y+\omega z\right)
\end{aligned}
$$

という公式が必要になる。ここで、1 と ω と ω の 2 乗は「1 の立方根」であり、ようするに 3 乗すると 1 になるような複素数であり、具体的には、

$$1 \ 、\ \omega = \frac{-1+\sqrt{3}i}{2} \ 、\ \omega^2 = \frac{-1-\sqrt{3}i}{2}$$

である。

練習 $1+\omega+\omega^2=0$ であることを確かめること。

つまり、

$$p = -3yz \ 、\ q = y^3 + z^3$$

とみなせば、$x^3 + px + q = 0$ の左辺は公式により因数分解できることになる。

$p = -3yz$ を z について解いて $q = y^3 + z^3$ に代入すると、

$$q = y^3 + \left(\frac{p}{-3y}\right)^3$$

これを整理すると、

$$27\left(y^3\right)^2 - 27qy^3 - p^3 = 0$$

だが、これは二次方程式なので、y の3乗について解くことができる。解いて、さらに y について解いて（ただし、$y^3 = k$ の解は $\sqrt[3]{k}$、$\omega\sqrt[3]{k}$、$\omega^2\sqrt[3]{k}$ の3つであることに注意！）、さらに z を求めれば、あとは、因数分解の公式に戻って、

$$x + y + z = 0$$
$$x + \omega y + \omega z^2 = 0$$
$$\omega^2 y + \omega z = 0$$

から x を求めればいい。

ちなみに、三次方程式の解の公式を本当に発見したのはタルタリアという人で、それを聞きつけたカルダノがしつこく頼み込んで「絶対に他言しない」という約束で、ようやく教えてもらったのだそうだ。ところが、カルダノは、あっさりと約束を破って自著にタルタリアの公式を載せてしまった。

　なんとも節操のない行ないだが、学問の自由という意味では、カルダノのほうが数学者的だったのかもしれない。タルタリアは、自分の発見を世に広めるという発想がなく、あくまでも「秘密」として活用しようとしていたわけで、どちらかというと現代の「特許」みたいな発想だったのだ。

　現代でも、コンピュータの画期的なアルゴリズムを発見した場合、それをそのまま論文で公表してみんなにタダで使ってもらうか、それとも、特許を取得するかは、人それぞれだろう。

　ところで、怒り心頭に発したタルタリアは、カルダノに公開討論を申し込んだ。しかし、万事抜け目のないカルダノは、自分は「出陣」せず、若くて才気煥発だった弟子のフェラーリを送り込んだのだ。哀れ、年老いたタルタリアは、公衆の面前でフェラーリに完膚無きまでに言い負かされ、三次方程式の発見者の名前まで奪われ、失意のうちに死んだ。

　一見、無味乾燥に見える方程式の裏には、壮絶なる男たちの戦いがあったのである。南無三。

コラム ジェロラモ・カルダノ（1501～1576）

　カルダノは、一般に数学者として知られているが、本業は医者、占星術師、賭博師、数学者、哲学者でもあった。このように相いれない複数の顔を持ったカルダノだが、一度に5つの仕事をしていたわけではなく、賭博師兼数学者から始めて、紆余曲折の結果最後に医者となったようだ。

　医者としての彼は、チフスの臨床や梅毒の処方についての記述を残している。そして彼の変人ぶりをうかがわせるのは、占星術への凝りようだ。キリストの占いをして投獄されただけでなく、自分の死ぬ日を予言して、当日自殺したとも伝えられる。

　総じて豪放磊落であり、極めて多才ながら人の恨みを買いやすい人物であったようで、数学における業績よりは、ギャンブルやトラブルの方を紹介されることの方が多いようであるが、更け目のない人物であったことは間違いない。

　三次方程式の解も四次方程式の解も、解いたのはカルダノではないが、いずれもカルダノの著書「偉大なる術」で知られるようになったのだ。ただし、三次方程式の解を示す時に使われた「虚数」の考え方は、カルダノが世界ではじめて導入したものだ。カルダノはまた、「確率論の父」といわれることもあるが、一般的にはパスカルがその名前を与えられることの方が多い。カルダノは期待値までには至っていたようである。

　ところで、多面的な顔を持つカルダノは、ギャンブラーまたはチェスのプレーヤーを自称している。その著書においては、イカサマを効率的に行う方法として、確率を体系的に扱ったということだ。確率論がイカサマであろうか。ただし「ギャンブルをまったくしないことが、ギャンブラーにとっての最大の利益」という名言も残しているらしい。

19 フェラーリの公式

$$ax^4+bx^3+cx^2+dx+e=0$$

$$x=\begin{cases}-\dfrac{a}{4}+\dfrac{\sqrt{2s-p}\pm\sqrt{-(2s+p)-\dfrac{2q}{\sqrt{2s-p}}}}{2}\\[2ex]-\dfrac{a}{4}-\dfrac{\sqrt{2s-p}\pm\sqrt{-(2s+p)+\dfrac{2q}{\sqrt{2s-p}}}}{2}\end{cases}$$

$$s=\dfrac{p}{6}+\sqrt[3]{-\dfrac{q'}{2}+\sqrt{\left(\dfrac{q'}{2}\right)^2+\left(\dfrac{p'}{3}\right)^3}}+\sqrt[3]{-\dfrac{q'}{2}-\sqrt{\left(\dfrac{q'}{2}\right)^2+\left(\dfrac{p'}{3}\right)^3}}$$

$$\begin{cases}p=c-\dfrac{3b^2}{8}\\[2ex]q=d+\dfrac{b^3}{8}-\dfrac{bc}{2}\end{cases}$$

$$\begin{cases}p'=-\dfrac{1}{12}\left(c-\dfrac{3b^2}{8}\right)^2-\left(e-\dfrac{bd}{4}+\dfrac{b^2c}{16}-\dfrac{b^4}{64}\right)\\[2ex]q'=-\dfrac{1}{108}\left(c-\dfrac{3b^2}{8}\right)^3-\dfrac{1}{8}\left(d+\dfrac{b^3}{8}-\dfrac{bc}{2}\right)^2\\[2ex]\quad+\dfrac{1}{3}\left(c-\dfrac{3b^2}{8}\right)\left(e-\dfrac{bd}{4}+\dfrac{b^2c}{16}-\dfrac{b^4}{64}\right)\end{cases}$$

ルドヴィコ・フェラーリ
(1545 年)

鑑賞

なんとも頭が痛くなりそうな数式だが、四次方程式、

$$ax^4 + bx^3 + cx^2 + dx + e = 0$$

の解の公式は、こんなふうになる。三次方程式のときと同様、4次の係数を1として、変数変換により三次の項を消去して論じてゆく。

さすがに、この解の公式になると、暗記している人は世界でも数人しかいないと思われるが、発見者はカルダノの弟子のフェラーリである。タルタリアに恩を仇で返した（？）カルダノとフェラーリであるが、直接、タルタリアをやっつけたせいで呪われでもしたのか、フェラーリは、四十代前半にボローニャ大学の教授をしていたとき、突然死去した。相続財産をめぐって実の姉にヒ素で毒殺されたといわれているが、事件は迷宮入りに終わったらしい。

うーん、方程式をめぐる数学者たちの人生模様は、まさに数奇としかいいようがないですな。

ところで、このような方程式の問題は、実は幾何学の問題と密接に関係している。なぜなら、一次方程式は直線である

＊注
前頁の解は、係数 a、b、c、d、e から構成される係数 p と q と、同様に係数 a、b、c、d、e から構成される係数 p' と q' による三次方程式の解 s によって求められる。なお、解 s としては、簡単のために実数解を使用してある。

から「定規」で線をひくことにあたり、二次方程式は円であるから「コンパス」を使うことにあたるため、方程式の解は、すなわち「定規とコンパスで作図可能か」という問題になるからだ。

　あまりに長い式でオレも頭が痛くなってきたので、この節の鑑賞はこれでおしまい！

コラム　アーベル（1802〜1829）とガロア（1811〜1832）

さて、次項では2人の若き天才が登場する。先にここで少し解説する。

26歳の若さで1829年に没した天才アーベルの業績は、代数学から微積分学、楕円関数論と多岐にわたる。次項は代数学の一部であるが、「アーベル群」とも呼ばれる可換群や、「アーベルの定理」と呼ばれる無限級数の収束に関する定理が有名だ。しかしもっとも偉大なのはやはり「楕円関数論」である。これに対してはライバルのヤコビも賛辞を送っている。

$$\int_0^{\frac{\pi}{2}} \sqrt{1-m\sin^2\theta}\,d\theta$$

右上の積分は、単に楕円の周の長さを求める計算式だが、この計算をしようとすると楕円関数が必要になる。普通の教科書では、「初等的には解けない」とけむに巻くくらい煩雑だが、彼がこれに初めて解答を与えたのだ。

またガロアも、王政復古後のフランスでの政治活動によってポンヌフ橋の上で逮捕・投獄され、その上決闘に敗れてわずか20歳の若さで、1832年に没している。

ガロアが構築した代数学の一分野は「ガロア理論」と呼ばれるもので、群論や体論の先見的な研究によって不朽の功績を残した。ガロア理論とは、基本的には代数方程式や体の構造を「ガロア群」と呼ばれる群を用いて記述する代数学の理論のことをさす。彼の創始した「群論」があったからこそ、相対性理論、量子力学などの現代物理学が生まれたのだ。

20　五次方程式の解の公式

Not Available

鑑 賞

　五次方程式の解の公式には人名がついていない。それもそのはず、五次方程式の解の公式は存在しないからである。五次以上の方程式にも一般的な解の公式は存在しない。

　もちろん、それは、五次方程式が常に解けない、ということは意味しない。方程式の係数を使って、四則演算とべき根（$\sqrt{}$、$\sqrt[3]{}$、一般的に$\sqrt[n]{}$）だけを使って解の公式をあらわすことが不可能というだけのことである。

このことを始めて証明したのはノルウェーの数学者アーベルであるが、26歳という若さで結核（と肝機能障害）により死んだ。生前は充分に業績が評価されず、まともな職にもつくことができなかったが、死の翌年、提出していた論文の価値がようやく認められ、フランス学士院数学部門大賞を受賞している。

アーベルの業績をさらに推し進めたフランスの数学者ガロアは、群論を用いて、方程式の解の公式が存在する条件をはっきりさせた。具体的には、方程式の係数を「置換」する「群」の分析により、解の公式が存在するかどうかが判定できるのである。ガロアの理論自体は、かなり難解で、説明するには一冊の本が必要になってしまうから、ここでは、最低限の知識で判定の例だけあげておく。

まず、置換群の知識が必要だ。

たとえばx_1とx_2という二次方程式の2つの解があるとする。それを入れ替える（＝置換する）方法は2つある。まず、x_1をx_1に、x_2をx_2にするもので、何もしないのと同じだから「恒等置換」と呼んでIという記号であらわす。次に、x_1をx_2に、x_2をx_1にするものは（１２）という記号であらわす。1を2にして、2を1にするという意味である。

同様にして、x_1、x_2、x_3の3つがある場合、置換のパターンは

　I、（１２）、（１３）、（２３）、（１２３）、（１３２）

の6つがある。ここで、(1 2 3) は、1を2に、2を3に、3を1におきかえる置換だ。3つのものをどう並べるかという順列の数は6だから、これ以外の置換パターンは存在しない。

練習 4つの要素の置換は何パターンあるか？

そもそも「群」というのは、次の4つの条件を満たす系のことだ（以下、「元」という言葉は「要素」と考えてください）。

1. 演算の結果も、その体系の元でなくてはならない
2. 単位元が存在する
3. 逆元が存在する
4. 結合法則がなりたつ

たとえば整数の足し算の場合、どんな整数同士を足しても、また整数になるから、1の条件は満たしている（ダメな場合としては、たとえば、整数の割り算がある。割り算の結果が分数になってしまったら、もはや整数ではないから1の条件を満たさない）。

整数の足し算の場合、単位元は「0」であるから条件2も満たしている。どんな整数に0を足しても、その整数は変わらない。また、整数xの逆元は$(-x)$なので、条件3も満たしている。逆元というのは、演算の結果が単位元になるような元のことだ。

最後の結合法則とは、$(x+y)+z$という具合に先にxと

yを足してから最後にzを足しても、$x+(y+z)$というように演算の順番を変えても、同じ答えになる、ということで、整数の足し算の場合はなりたっている。

つまり、整数の足し算は「群」になっている。

同じように置換という演算も群になっている。

さて、ここで「極大不変真部分群」ということばを理解しないといけない。まず、部分群というのは、元の群の「一部」になっているような群のことで、たとえば、I、（１２）、（１３）、（２３）、（１２３）、（１３２）という群の部分群としては、Iだけとか、I、（１２３）、（１３２）が考えられる。Iだけしか要素がないのは寂しいが、数学には寂しさも必要だ。また、I、（１２３）、（１３２）の仲良し３人組だけでも群の条件が満たされることは明らかだろう。

次に、「真部分群」だが、これは、数学特有の言い回しであり、単に「部分群」と言った場合には、元の群自身、すなわちI、（１２）、（１３）、（２３）、（１２３）、（１３２）も含まれてしまうから、「元の群より本当に小さい部分群」のことは「真部分群」と呼ばなくてはならないのだ。

さらに、「不変真部分群」というのは、元の群のどんな要素に喧嘩をふっかけられても、真部分群として団結を保つことができる、というような意味である。ただし、喧嘩をふっかけられるというのは、もちろん比喩的な意味なのであり、あまりかみ砕かずに言うと「右から元a、左からaの逆元をかけて、挟み撃ちにする」ということだ。

たとえば、I、（１２３）、（１３２）から（１２３）を取ってきて、元の群の元（１２）とその逆元（同じだが）（１２）で右左から挟み撃ちにすると、（１２）（１２３）（１２）となる。

　ちょいと詳しくやってみると、最初の

　　x_1、x_2、x_3

という並びに（１２）という置換をほどこすと一番目と二番目が交換されて

　　x_2、x_1、x_3

という並びとなり、さらに（１２３）という置換をほどこすと、一番目は二番目に置き換わり、二番目は三番目に置き換わり、三番目が一番目に置き換わるのだから、結果は

　　x_1、x_3、x_2

という並びになる。最後に、この並びに（１２）をほどこすと、一番目と二番目が交換されるので、

　　x_3、x_1、x_2

に落ち着く。だが、これは、元の並びであるx_1、x_2、x_3において、一番目が三番目に置き換わり、三番目が二番目に置き換わり、二番目が一番目に置き換わったのだから、（１３２）にほかならない。

練習 この段落は、うーんと考えて納得すること！

　ナーンダ、挟み撃ちの喧嘩をふっかけられたら、（１２３）

は（１３２）に変身しちゃったから全然不変じゃないじゃないか、と思われるかもしれないが、部分群のメンバーの団結が不変ならかまわないのだ。（１３２）は、Ｉ、（１２３）、（１３２）というグループに属しているので、喧嘩を売られてもグループの結束は不変ということになる。

　Ｉ、（１２３）、（１３２）という群れは元の群れの誰に挟み撃ちにされても、部分群全体としてまとまって行動するから不変真部分群なのだ。

　最後に、「極大」の説明が必要だ。これは、たくさんある不変真部分群のなかで「一番大きなもの」ということで、ようするに最大メンバーをもつ不変真部分群のことである。今の例では、Ｉ、（１２３）、（１３２）よりも構成員の数の多い暴力団……じゃなくて組……じゃなくて群は存在しないから、Ｉ、（１２３）、（１３２）は、Ｉ、（１２）、（１３）、（２３）、（１２３）、（１３２）の「極大不変真部分群」なのである。

　また、Ｉ、（１２３）、（１３２）の極大不変真部分群はＩである（たった一人ですけど（汗））。

　ふーむ、ようやく言葉の説明が終わった。「群れ」とか「挟み撃ち」とか「団結を保つ」などというのは、単にオレの頭の中にあるイメージにすぎないので、読者自ら、イメージしてみてほしい。もちろん、そんな無意味なイメージなど美しい数学に対する冒涜だ！　と思われるのであれば、イメージなしで淡々と理解してくだされればよい。

さて、ガロアは、方程式の係数の置換群を研究した結果、方程式の解が存在するための必要十分条件を証明した。

> ●ガロアの定理
>
> 方程式の係数の極大不変真部分群を次々とつくってみる。その要素の数を次々に割ってみる。その結果がすべて素数なら、方程式には解の公式が存在する。

なんだかわからないので、二次方程式から順次みてみよう。

二次方程式の解x_1とx_2について、置換群はⅠ、（１ ２）であり、極大不変真部分群はⅠである。要素の数は２個と１個であり、２÷１＝２は明らかに素数なので、二次方程式には解の公式が存在する。

三次方程式の解 x_1、x_2、x_3 について、置換群は、Ⅰ、（１ ２）、（１ ３）、（２ ３）、（１ ２ ３）、（１ ３ ２）であり、極大不変真部分群はⅠ、（１ ２ ３）、（１ ３ ２）である。要素の数は６個と３個であり、割り算をすると２となって素数。次に、Ⅰ、（１ ２ ３）、（１ ３ ２）の極大不変真部分群はⅠであり、要素の個数は３個と１個で、割り算をすると３となって素数。割り算の結果がすべて素数なので、三次方程式にも解の公式は存在する。

四次方程式についても同様に考えると、要素の個数は、順に２４個、１２個、４個、２個、１個となって、割り算の結果は、順に２、３、２、２となって、全て素数なので、やはり解の

公式が存在する。

ところが、五次方程式の場合は、順に 120 個、60 個、1 個となって、割り算の結果は、順に 2、60 となる。60 はどう見ても素数ではないから、ガロアの定理により、五次方程式には解の公式が存在しない！

実は、5 次以上の n 次方程式の場合、常に要素の数は $n!$ 個、$\frac{n!}{2}$ 個、1 個となって、割り算の結果も常に 2、$\frac{n!}{2}$ となることが証明できるので、「5 次以上の方程式に解の公式は存在しない」ことが判明するのである。

もちろん、肝心のガロアの定理の証明がなければ何にもならないが、それは、「ガロアの理論」という名前のついている教科書でみっちりと勉強してもらいたい。それは、「数式美術館」での鑑賞ではなく、ガロアが描いた絵を自らの手でデッサンする行為に相当する。

●**参考書：**

『ガロアと群論』リリアン・リーバー著、浜稲雄訳(みすず書房)
『Galois Theory for Beginners: A Historical Perspective』Jorg Bewersdorff 著、David Kramer 訳 (American Mathematical Society)

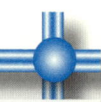

21　ゼータ関数

$$"1+2+3+4+\cdots" = -\frac{1}{12}$$

レオンハルト・オイラー
（1768年）

鑑 賞

なんとも奇妙な式である。

実際、私は、さる講演会でこの式を黒板に書いて説明したとき、観客の一人から「あんたは頭がおかしいんじゃないのか」と糾弾されてしまった（汗）。

もちろん、この式は私が発明したものではなく、大数学者

のオイラーが最初に導いたのである。

それにしても、1から順に自然数を無限にたくさん足した結果が、有限の値、それもマイナスになるとは、いかなることか。

延々と説明してもいいのだが、この時点で読者からのブーイングが飛んでくるのも苦しいので、私より信用のある(れっきとした)数学者の黒川信重さんの『数学の夢 素数からのひろがり』(岩波高校生セミナー)から引用してみよう。

「無限大になるところをうまく引き去って(繰り込んで)意味のある有限値を出すことを物理学の言葉で「繰り込み」と言いますが、上記の値はその一例と考えられます。」
(47ページ)

正確には、この引用は、別の式、

$$"1+8+27+64+\cdots" = \frac{1}{120}$$

について書かれたものだが、もちろん、本節の冒頭の数式にもあてはまる説明だ。

うん? 繰り込み? ますます、訳がわからなくなっちまったゾ! そんな読者の悲鳴が聞こえてきそうだが、実は、こういった一連の「無限が有限になる」式は「ゼータ関数」として知られている。ゼータ関数の素朴な定義は、

$$\zeta(s) = \sum_{n=1}^{\infty} \frac{1}{n^s}$$

という形であり、この節に出てきた例は、それぞれ、

$$s = -1 \quad \text{と} \quad s = -3$$

の例なのである（「マイナス s 乗」というのは「分母と分子がひっくり返る」ことを意味する！）。

この素朴なままの形では、しかし、この節に出てきたような有限の値は望むべくもない。実は、この素朴形の関数の定義域は、$s>1$なのである。答えが無限では関数として意味をなさないからである。だから、

$$\zeta(2) = \frac{1}{1^2} + \frac{1}{2^2} + \frac{1}{3^2} + \frac{1}{4^2} + \cdots = \frac{\pi^2}{6}$$

は有限の値に収束するが、

$$\zeta(-1) = \frac{1}{1^{-1}} + \frac{1}{2^{-1}} + \frac{1}{3^{-1}} + \frac{1}{4^{-1}}$$
$$+ \cdots = 1 + 2 + 3 + 4 = \infty$$

は無限大になってしまうはず。

では、ゼータ関数の洗練された形があるかといえば、もちろん、ある。それは、（たとえば）こんな恰好をしている。

$$\frac{1}{\sqrt{\pi^s}} \Gamma\left(\frac{s}{2}\right) \zeta(s)$$
$$= \int_1^\infty \left(x^{\frac{s}{2}} + x^{\frac{1-s}{2}}\right) \left(\sum_{n=1}^\infty e^{-\pi n^2 x} \frac{dx}{x}\right) + \frac{1}{s(1-s)}$$

第2分館 数と数学館 ◆ 21 ゼータ関数

2

数と数学館

複雑すぎて、ムンクの「叫び」みたいな顔になっていませんか?(まあ、この本は「美術館」なので……ムンクが出てきても不思議はないが……)

ここで、

$$\Gamma(s) = \int_0^\infty x^{s-1} e^{-x} dx$$

は「ガンマ関数」と呼ばれるもので、s が自然数のときは、

$$\Gamma(s) = (s-1)!$$

になる。ビックリマークは、「階乗」であり、たとえば

3!＝3×2×1

というように「その数から始めて、1ずつ減らしていって、1までを全て掛ける」という意味である。

とにかく、「ムンクの叫び」になってしまう「表示」をつかえば、s がマイナスの場合でも計算できるし、その結果も発散(＝無限になること)せずに有限の値になる。

つまり、関数には「いろいろな顔がある」のであり、正面から見た顔の「定義域」と横顔の「定義域」はちがう。ゼータ関数の素朴な形は定義域が狭く、s がマイナスの場合は(本来)つかってはいけなかったのに、無理矢理マイナスの s の値を入れたから無限大になったのである。もっと定義域の広

第2分館 数と数学館 ◆ 21 ゼータ関数

い「ムンクの叫び」バージョン[*]のほうの形をつかえば、s がマイナスでも発散しない。

これでもわかりにくいかもしれないので、ゼータ関数の素朴形とムンク形をグラフで見ておこう（ただし s が実数の範囲で描く）。

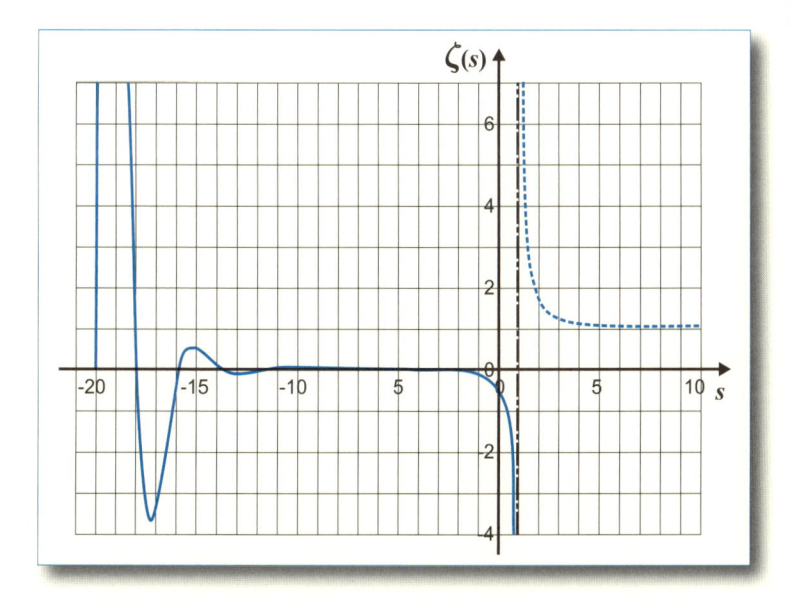

上図で青の破線が素朴形で、青の実線（＋青の破線）がムンクの叫び形である。横軸が s で縦軸が $\zeta(s)$ だ。

これを見ると、素朴形を無理に s がマイナスの領域まで延

---

*「ムンクの叫び」バージョン
このバージョンは、$s=1$ 以外の複素数でも使える（$s=1$ を除いた全複素平面上で正則関数になる）。

119

長しようとすると、点線の左端がどんどん上昇して、無限になってしまうことがおわかりになるであろう。

しかし、同じ関数でも、定義域の広いムンクの叫び形をつかえば、$s = -1$ のときに、

$$\zeta(-1) = -\frac{1}{12}$$

になることもわかるであろう。その部分だけ、もっと拡大してみましょうか？

ここまでくると、物理学によく出てくる「繰り込み」の意

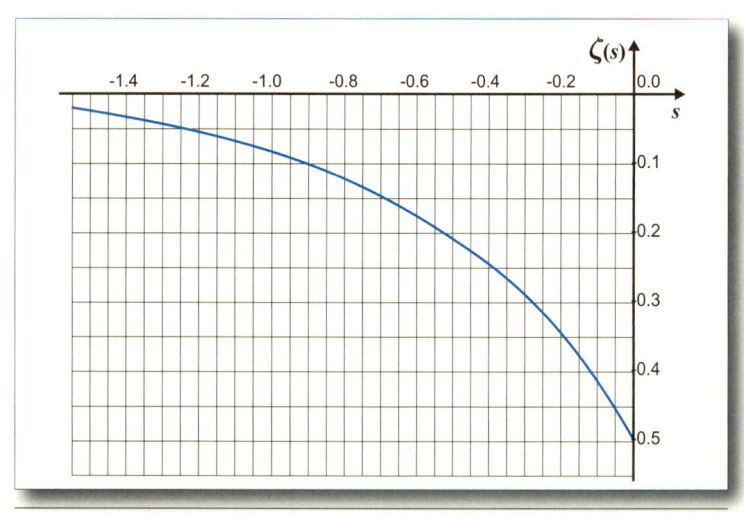

*繰り込み
きれいな形の「ムンクの叫び」がみつかるとはかぎらない。その場合でも、計算に必要な定義域をもつ形をみつけて、計算をし直せば、無限をうまく消去して、有限の結果を得ることができる。その有限の値は、関数形にはよらず、一定になる。それが「繰り込み」理論の骨子である。

味も明らかになる。

　繰り込む前は、計算の途中で素朴形をつかってしまい、その定義域をはみだして無理矢理計算したために無限大になってしまったのだ。そこで、定義域の広い関数形をつかって計算し直すと、計算結果は有限になる。それは、実質的に、最初に出てきた「無限大」を差っ引いたのだとも言える。それを「繰り込み」と呼ぶのである。無限大を有限の値に「繰り込む」のである。

　ちなみに、オイラーの1768年の論文には、太陽のゼータと月のゼータが出ている。こんな具合に──。

出展：http://hiro2.pm.tokushima-u.ac.jp/~hiroki/major/image/euler49.jpg

Chapter-3
第3分館
いろいろ図形館

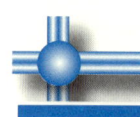

22 黄金比

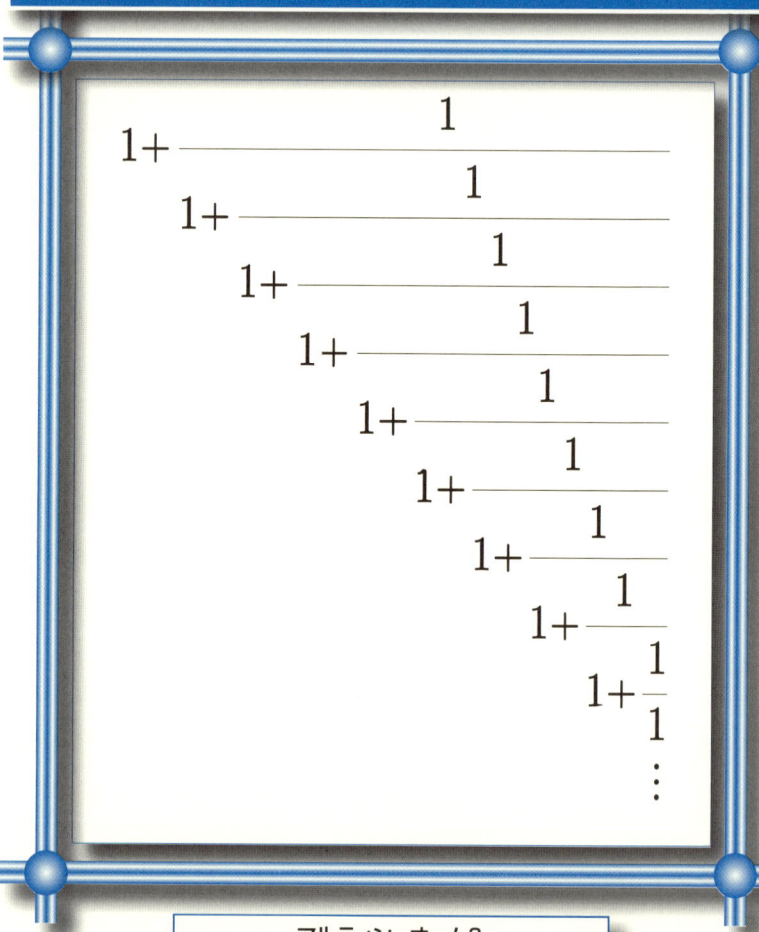

$$1+\cfrac{1}{1+\cfrac{1}{1+\cfrac{1}{1+\cfrac{1}{1+\cfrac{1}{1+\cfrac{1}{1+\cfrac{1}{1+\cfrac{1}{1+\cfrac{1}{1+\cdots}}}}}}}}}$$

マルティン・オーム？
（1835年）

第3分館 いろいろ図形館 ◆22 黄金比

鑑 賞

　分数が連なっているので「連分数」と呼ばれる数式である。右下の「…」は「以下無限に続く」という意味。無限に続くなら計算などできまい、と思うなかれ。この問題は（アメリカなどでは）高校の数学の問題の定番として、先生向けの雑誌にも載っている良問なのだ。

　無限に続く数式を解くには定石がある。

●方法１

電卓で
$$1 + 1 \div 1,\ 1 + 1 \div (1 + 1 \div 1) \cdots\cdots$$
という具合に次々と計算してみる（近似的に解が予想できる）。

●方法２

$1 + \dfrac{1}{x}$ と、無限に続く分数を x とおく。ところがこれは x と同じである。ゆえに、

$$1 + \frac{1}{x} = x$$
$$x + 1 = x^2$$
$$x^2 - x - 1 = 0$$
$$x = \frac{1 \pm \sqrt{5}}{2}$$

前ページの「方法2」による二次方程式の解のうち、プラス符号のものを「黄金比」と呼ぶ。

　方法1の答えは、方法2の答えのプラス符号のほうと一致するので、答えは「黄金比」としていいだろう。黄金比というのは人類の歴史に幾度となく登場する魔法の数である。古代ギリシャの彫刻家ペイディアスが初めて使ったといわれるが、その起源は定かでない。

　だが、絵画、彫刻に始まり、人類の造形には美しい比率としての黄金比が欠かせないことだけはたしかだ。なぜ、人は黄金比を美しいと感じるのか。もしかしたら、それは美しい数式であらわされる構造がもともと自然界に多くみられるため、人類も進化の過程で黄金比に「美」を見いだすようになったのかもしれない。

　実際、黄金比は、次のような式であらわすこともできるのだ。

$$\sqrt{1+\sqrt{1+\sqrt{1+\sqrt{1+\cdots}}}}$$

問題 この数式も黄金比であることを計算で確認すること。

　ちなみに、「黄金比」という言葉を最初に使った数学者は、オームの法則で有名なオームの弟のマルティン・オームだとされる。兄貴は電気抵抗の法則に自らの名を遺した。弟は「黄

金比」という誰でも知っている見事なネーミングを遺した。目立ちたがり屋の兄と控えめな弟というパターンだったのだろうか。

●**参考書：**
『黄金比はすべてを美しくするか？最も謎めいた「比率」をめぐる数学物語』マリオ・リヴィオ著、斉藤 隆央訳（早川書房）

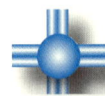

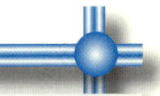

23 超簡単なオイラー路？

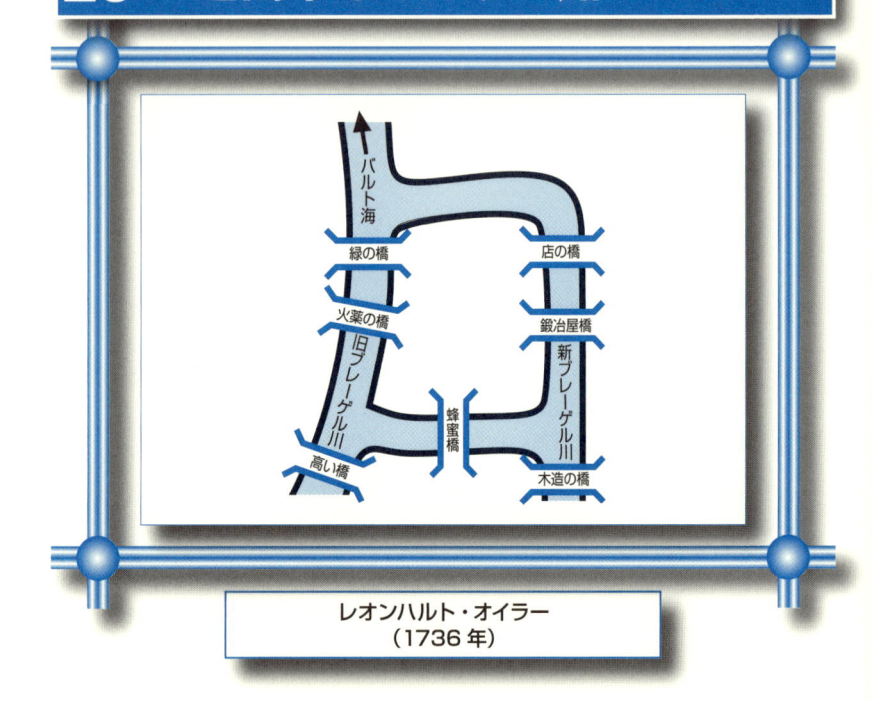

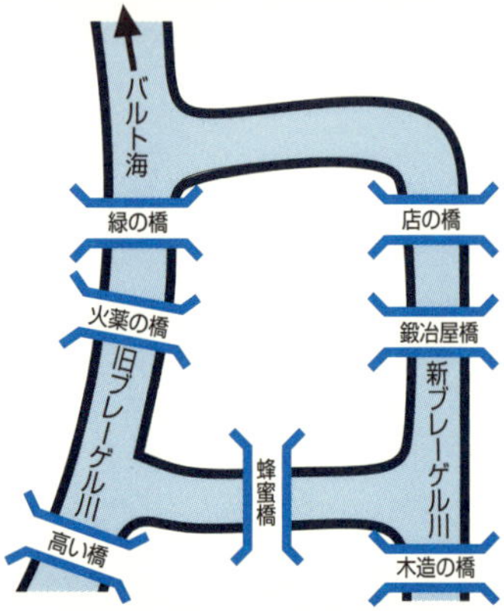
バルト海
緑の橋
店の橋
火薬の橋
鍛冶屋橋
旧ブレーゲル川
新ブレーゲル川
蜂蜜橋
高い橋
木造の橋

レオンハルト・オイラー
（1736 年）

鑑賞

ここに出てきたのは「ケーニヒスベルクの七つの橋」である。いわゆる「一筆書き」の問題だ。はたして、七つの橋の全てを通って一筆書きができるのだろうか？

この問題は、オイラーが解いた。

小学生でもわかることだが、一筆書きは、始点と終点が必要になる（始点と終点は一致していてもよい）。

始点と終点は、そこから始まったり、そこで終わったりする点なので、始点と終点には、少なくとも一本の線がつながっていることになる。

一筆書きの途中で、始点や終点を「通過」してもかまわないが、その場合は、一回通過するごとに（点に入る線と出る線の）2本が増えることになる。n 回通過すれば $2n$ 本である。だから、始点や終点には合計 $(2n+1)$ 本の線がつながっている。

いいかえると、始点と終点は必ず「奇数点」になる。

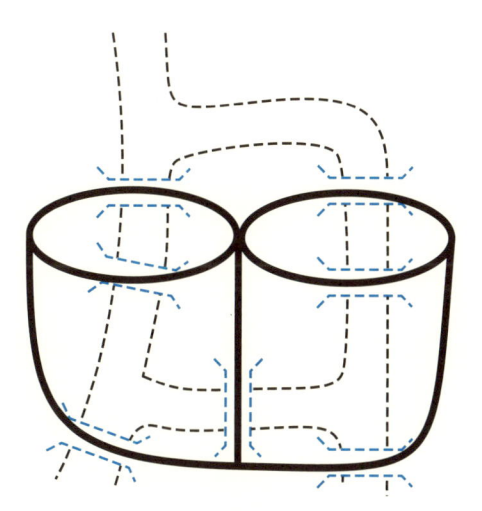

地図の上にグラフを描いてみると、ケーニヒスベルクの橋の問題は、奇数点が4つあることがわかる。そのうちの2つ

が始点と終点だとしても、残りの2つが余ってしまうから（始点・終点候補が多すぎて）、一筆書きはできないことがわかる。ようするに、奇数点が3つ以上だと一筆書きはできないのだ。

では、奇数点が0個、1個、2個の場合はどうだろう？

まず、1個の場合はダメなことはすぐにわかる。始点だけで終点がない（あるいはその逆だ）からである。

オイラーは、奇数点が0個と2個の場合は一筆書きができることを証明した。0個というのは、始点と終点が同じ場合で、グラフは閉じた「回路」になる。2個の場合は始点と終点が別になる。

ところで、このように「全ての辺を一度だけ通る路（みち）」のことを「オイラー路」と呼ぶ。オイラー路が可能かどうかの判定は奇数点を数えればいいので簡単である（もちろん、オイラーが証明してくれたから簡単なわけだ）。

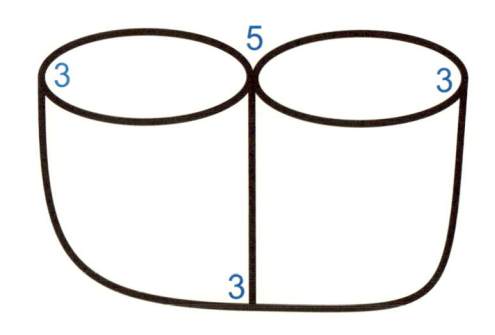

コラム ケーニヒスベルグの橋

　ケーニヒスベルクは、18世紀ごろはプロイセンの首都であり、20世紀前半まではドイツの東北辺境のバルト海に接する港湾都市であったが、第二次世界大戦以降は、ロシア連邦西部のカリーニングラード州の州都カリーニングラードと呼ばれ、人口はおよそ95万人。カリーニングラード州は、北はリトアニア、南はポーランドに挟まれた飛地領となっている。

　旧ケーニヒスベルクの七つの橋は、下図からわかるとおり、今はもうほとんど残っていない。

©TerraMetrics, ©Europa Technologies, ©Tele Atlas, ©Geocentre Consulting

24 超難しいハミルトン路

ウィリアム・R・ハミルトン
(1853年)

鑑賞

「グラフ上の全ての点を一度だけ通る路」のことを「ハミルトン路」と呼ぶ(オイラー路の場合は「全ての辺」であった)。

ハミルトンは、1853年に「正12面体の全ての頂点を通る一筆書きは可能か?」という問題を解いた。正12面体は、

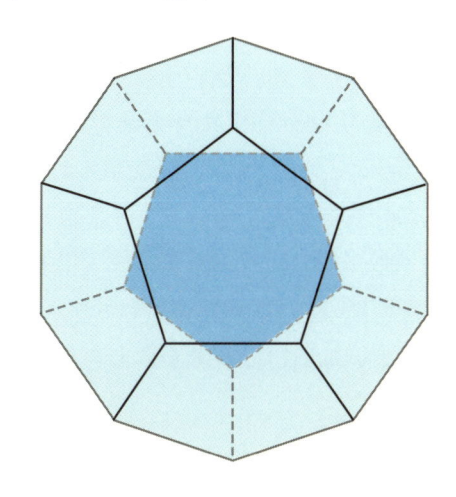

ご存じのように、こんな格好をしている。

練習 立体のままだと難しいので、経路を平面グラフにすること。

　この問題の場合は、「すべての頂点を通る一筆書きが可能で、冒頭の図のようになる」ことをハミルトンが証明した。

　ところで、オイラー路とちがって、ハミルトン路の一般的な解法は存在しない。ハミルトン路の問題は、「NP完全問題」（Non-deterministic Polynomial complete problem）という部類に属することがわかっている。

　この問題は深入りすると大変なのでサラリと解説するが、ようするに「答えがわかっている場合は、「多項式時間」で検証ができるが、答えをみつける多項式時間アルゴリズムは知られていない」ということ。

多項式時間というのも初めて耳にした人には意味不明だと思うが、たとえば、データ数がnのとき、nのナントカ乗に比例する計算時間がかかる、という意味だ（ハミルトン路の場合ならデータ数nはグラフに含まれている点の個数である）。それは、イライラしないで計算が終わる、あるいは、生きている間に計算できる、というような意味に近い。

多項式時間でないものには、たとえば「指数関数時間」がある。指数関数時間は、計算が長すぎてイライラしてしまう、あるいは、生きている間には計算が終わらない、というような意味である。

問題 1回の計算に1秒かかるとして、多項式がnの5乗、指数関数が2のn乗の場合、$n=1$、$n=10$、$n=100$でどれくらいの差がでるか考えてみること。

ハミルトン路の問題は、多項式アルゴリズムが知られていないわけで、一言でいえば、オイラー路と比べて「チョー・ムズカシイ」のである。同じ一筆書きでも、辺と点とでは、雲泥の差ということだ。

コラム グラフ理論とは

　グラフ理論は、現代数学の1つの研究分野であり、「グラフ」を研究する理論のこと、グラフとは、頂点と辺の集合で表される図形のことである。コンピュータのデータ構造やアルゴリズムの分析などに広く応用されているが、そのもっとも基本的な研究は「一筆書き」であるといってもよい。

　前項における「ケーニヒスベルグの橋」の橋から作成した経路はグラフに当たり、全ての辺を一度だけ通る「オイラー路」の有無の判定は、このグラフの上で行えばよいのだから、話がわかりやすくなる。

　オイラー路の場合は「全ての辺」であったが、本項における、グラフ上の「全ての点」を一度だけ通る「ハミルトン路」の場合も、グラフに帰着して考えることが多い。

　この場合に、始点と終点が一致する場合は、経路が閉じているという意味で特に「ハミルトン閉路」と呼ぶ。正12面体の場合はこれに当たり、右図のように中を色で塗ってみれば結果がわかりやすい。

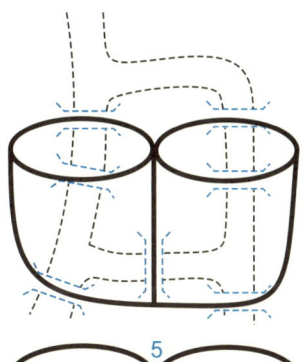

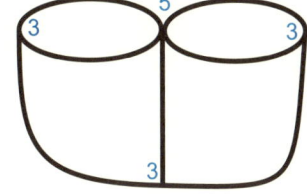

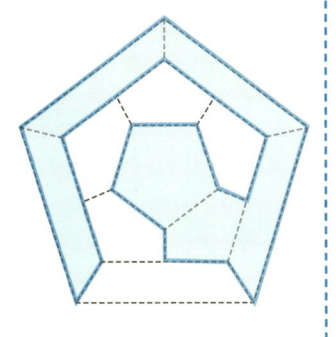

　以上は非常に簡単なレベルの話であり、グラフにさまざまなものを定義して計算していくことで、数学の体をなすことになる。

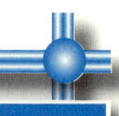

25　結び目の多項式

1. $\langle \!\!\times\!\! \rangle = A \langle \asymp \rangle + A^{-1} \langle \rangle \langle \rangle$

   $\langle \!\!\times\!\! \rangle = A^{-1} \langle \asymp \rangle + A \langle \rangle \langle \rangle$

2. $\langle OK \rangle = d \langle K \rangle$

   $\langle O \rangle = 1$

ルイス・H・カウフマン
（1987年）

鑑 賞

　これはいったい何だろう？　変な数式の本にしても、少しやりすぎじゃないのか？　線が交叉していたり、その交叉が分離したりしているように見えるが……。

　実は、これはルイス・カウフマンという数学者の本に載っ

ている「結び目の多項式の公理」なのだ。結び目というのは、蝶結び、堅結び、三つ葉結び……誰でも知っている結び目のこと。数学では、個々の結び目に「多項式」を対応させることにより、結び目を数学的に扱うことができる。

公理1を見ると、線の交叉に二種類あって、それを横に分けるか縦に分けるかで係数が逆さまになることがわかる。なんともわかりにくいが、この等式を使えば、どんな結び目でも、その結び目に対応する多項式（変数はA）が計算できるのである。

公理2のOは、まさに線が輪ゴムみたいに閉じている場合で、輪ゴムと結び目Kがある場合は、輪ゴムの部分のdが外に出る計算になる（英語で結び目をknot（ノット）という。Kはその頭文字である）。ただし、

$$d = -A^2 - A^{-2}$$

である。また、輪ゴムだけの場合は「1」という定数になる。

この公理だけから、たとえば、

$$\langle \gamma \rangle = a \langle \frown \rangle$$

$$\langle \gamma \rangle = a^{-1} \langle \frown \rangle$$

が証明できる。ただし、$\alpha = -A^3$。

問題 この2つの式を確かめてみること！

この結果を使うと、次のような計算もできる。

$$\langle \text{⬭} \rangle = A\langle \text{⬭} \rangle + A^{-1}\langle \text{⬭} \rangle$$

$$= A(\alpha) + A^{-1}(\alpha^{-1})$$

$$= -A^4 - A^{-4}$$

輪ゴムが2つからみあっているわけだが、左の交叉点に公理1をあてはめると、右辺の1行目となり、さらに残った交叉点に前の「問題」をあてはめると右辺の2行目になる。これを使うと、さらに、次が証明できる。

$$\langle \text{⬭} \rangle = A\langle \text{⬭} \rangle + A^{-1}\langle \text{⬭} \rangle$$
T

$$= A(-A^4 - A^{-4}) + A^{-1}(-A^{-3})^2$$
$$= -A^5 - A^{-3} + A^{-7}$$
$$f_T = \alpha^{-3}\langle T \rangle = -A^{-9}\langle T \rangle = A^{-4} + A^{-12} - A^{-16}$$

ただし、最後のところで $\alpha = -A^3$ の3乗がかけられているのは、最終的に多項式を標準化するためのもので、3乗は結び目の交叉点が3箇所あることと関係している。

要するに、三つ葉（trefoil）の結び目の多項式は、

$$A^{-4}+A^{-12}-A^{-16}$$

になるわけだが、この結果は非常に貴重だ。なぜなら、この三つ葉の結び目を鏡に映した結び目について、同様に多項式を計算すると、

$$A^{4}+A^{12}-A^{16}$$

となるのだが、多項式が一致しないことから、二つの結び目は「別」だということが証明できるからだ。

　この多項式は「カウフマンの多項式」と呼ばれているが、実は、三つ葉とその鏡像が別の結び目だということを初めて証明したのはジョーンズであり、カウフマン多項式とジョーンズ多項式は互いに変換することが可能だ（ジョーンズは、結び目の研究でフィールズ賞を受賞している！）。

　結び目という幾何学的（？）な対象を多項式で分類する発想は、どことなく、幾何学図形を座標で扱うデカルト的な発想に似ているような気がしないだろうか？

●参考書：
『組みひもの数理』河野俊丈著（遊星社）
●論文：
「State models and the Jones polynomials」. L. H. Kauffman. Topology, 26(1987)395-407

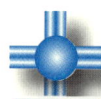

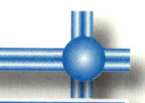

26 マクスウェル方程式「ア・ラ・ペンローズ」

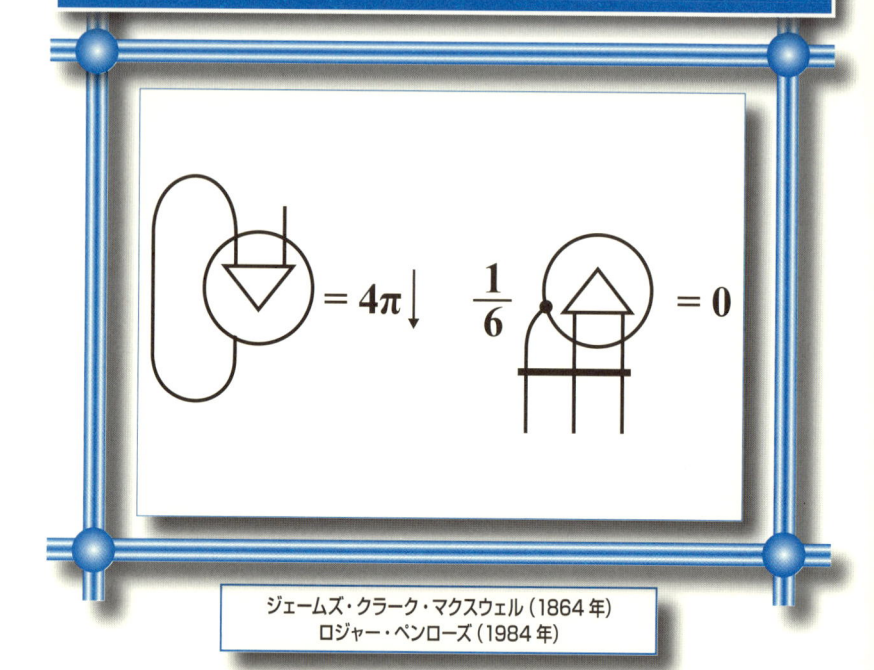

ジェームズ・クラーク・マクスウェル（1864年）
ロジャー・ペンローズ（1984年）

鑑 賞

　なんじゃ、これは！　人をおちょくっているのか？　いったい、これのどこがマクスウェルの方程式なのだ。
　いえいえ、これは立派なマクスウェルの方程式なのです。ただ、ロジャー・ペンローズの教科書に出ている「グラフ記

法」で書かれているだけの話。だから、「ペンローズ風」ということで「ア・ラ・ペンローズ」という題がついております。

とはいえ、これではなんのことか全くもって意味不明なので、ふつうの数式で書くとどうなるかを見ておこう。

$$\nabla_a F^{ab} = 4\pi J^b、 \nabla_{[a} F_{bc]} = 0$$

これでも学校の教科書に出てくる形とはちがうかもしれないが、∇は「微分」をあらわすベクトルで、Fは電磁場をあらわす行列（＝テンソルと呼ぶ）であり、Jは電荷と電流の密度をあらわしており、その成分は、

$$\begin{pmatrix} F_{00} & F_{01} & F_{02} & F_{03} \\ F_{10} & F_{11} & F_{12} & F_{13} \\ F_{20} & F_{21} & F_{22} & F_{23} \\ F_{30} & F_{31} & F_{32} & F_{33} \end{pmatrix} = \begin{pmatrix} 0 & E_1 & E_2 & E_3 \\ -E_1 & 0 & -B_3 & B_2 \\ -E_2 & B_3 & 0 & -B_1 \\ -E_3 & -B_2 & B_1 & 0 \end{pmatrix}$$

$$\begin{pmatrix} J^0 \\ J^1 \\ J^2 \\ J^3 \end{pmatrix} = \begin{pmatrix} \rho \\ j_1 \\ j_2 \\ j_3 \end{pmatrix}$$

となっている。添え字の部分についている$[abc]$は、「添え字abcについて反対称」という意味で、具体的には、

$$[abc] = abc + cab + bca - bac - acb - cba$$

となる。abc という並びから奇数回の置換でできる並びはマイナス符号がつき、偶数回の置換でできる並びはプラスの符号がつく。たとえば、cab は、

$abc \to acb \to cab$

という具合に2回の置換が必要なので符号がプラスであり、bac は、

$abc \to bac$

という具合に置換が一回なので符号はマイナスになる。「反対称」というのは、$[abc]$ において、どれか2つを入れ替えるとマイナスになることを意味する。たとえば、

$[bac] = -[abc]$

というように。

問題 これを確かめること。

ちなみに「対称」というときは、

$\{abc\} = abc + cab + bca + bac + acb + cba$

となり、どの2つを入れ替えても不変になる。

反対称の操作は、グラフ記法では、

$$\text{卌} = ||| + \text{XX} + \text{XX} - \text{XI} - \text{IX} - \text{XX}$$

となる。

ペンローズ流のグラフ記法では、微分が○であらわされ、添え字が「脚」であらわされ、添え字が上付きか下付きかもきちんと反映されていることを確認してほしい。

人によって数式に対するイメージもちがうわけだが、天才ペンローズの頭の中では、このような有機的な格好をした「へんな数式」が蠢いているらしい。

そういえば、彼の有名なファインマンさんも、中学だか高校のときに自分で勝手な三角関数の記法を編み出して使っていたところ、友人に「チンプンカンプンだ」と言われて初めて、自分が特殊な記法を使っていることに気づいた、という逸話がある。

ニュートンとライプニッツが、同じ微分記号なのに、

・ニュートン流　　　$\dot{x}$

・ライプニッツ流　　$\dfrac{dx}{dt}$

という具合に、まったく異なる記法を用いていたことも有名だ。

たかが記法、されど記法。ローマ数字を用いていたローマで数学が発展しなかったことを思えば、数学の発展は、記法が決め手となると言っても過言ではない。

　天才は数学を発見し、それを書き記すための記法を発明する。いや、もしかしたら、その逆で、記法を発明したから数学上の発見につながるのかもしれない。われわれのような凡人には分け入ることのできない領域なのだろう。

　グラフ記法に興味をもった読者は、ペンローズ自身による参考書をあげておくので、じっくりと勉強されてはいかがだろう？

●参考書：

「The Road to Reality」Roger Penrose 著（Vintage）

コラム ロジャー・ペンローズ（1931～）

イギリス生まれの数学者、理論物理学者であり、重力理論や幾何学の研究に業績を残す。「精神現象も自然法則の一部」「すべては数学で書くことができる」としながら、「人間の意識下での知性には非計算的要素があり、それは量子重力理論と関係する」（著書「皇帝の新しい心」より）と述べて、未知の可能性を主張する。

ホーキングと共同で証明した「特異点定理」（重力崩壊を起こしている物体は最後には全て特異点を形成する）からは「イベント・ホライズン」（事象の地平線）の存在が導かれる。また、回転するブラックホールと停止したブラックホールを比較して、理論的にはエネルギーを取り出せる「ペンローズ過程」を考案したことでも知られている。

また、究極の理論の1つと目されている、相対論と量子論を統合した「ループ量子重力理論」の背後には、彼が提案した、量子的なスピンをつなぎ合わせて時空を構成する「スピンネットワーク」と、相対論的時空間の新しい記述方法として数学的にまとめようとした「ツイスター理論」がある。

幾何学の分野では、2つの図形で平面を埋め尽くす非周期的な唯一のパターン「ペンローズ・タイル」を発見したが、同一のパターンを持つ結晶構造が、実際に1984年に発見された。このパターンが無断でトイレットペーパーに使われた事件は有名（当然使用禁止となった）。彼はまた、右図のような、エッシャー流の構築不可能な立体「ペンローズ三角形」も考案している。

27　可能世界

$$\sim \Box = \Diamond \sim$$

ソール・クリプキ
（1950年代）

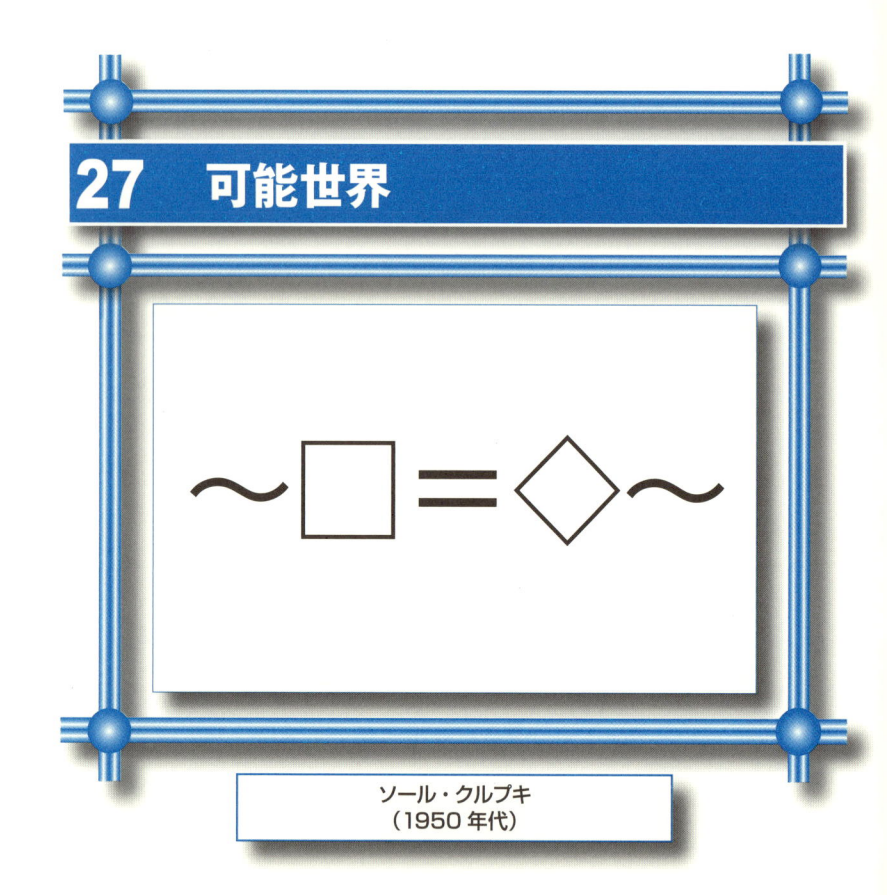

鑑 賞

　論理学を勉強していくと、次第に不思議な世界が登場してくる。まずは復習からいこう。
　学校でおなじみのド・モルガンの法則は、

$$\sim(a \wedge b) = (\sim a) \vee (\sim b)$$

である。「aかつb、でない」ことは「aでないか、または、bでない」に等しい。これは、次のようなベン図からも明白だろう。

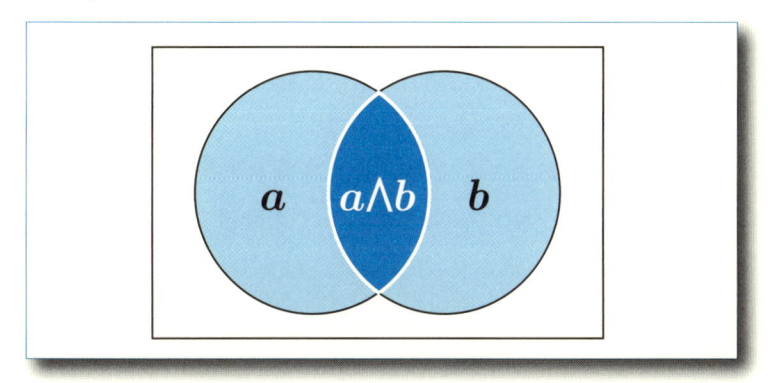

a $a \land b$ b

aとかbは、真偽がハッキリと決まる文章で、専門用語では「命題」と呼ぶ。たとえば、

a =「オレは猫だ」
b =「オレは狼だ」

という命題であれば、

～$(a \land b)$ =　「オレが猫であり、同時に狼であるなんてことはない」

であり、これをいいかえると、

$(～a) \lor (～b)$ =　「オレは猫でないか、または、狼でないかだ」

となる。

ただし、日常言語の「または」と数学用語の「または」は

微妙に意味が異なるので、

「オレは猫でないか、または、狼でないかだ」

といった場合、数学では、「オレは猫でも狼でもない」場合も含まれる。日常言語であれば、「または」は「どちらか一方」という二択だが、数学用語だと、「どちらか一方、もしくは、両方」の三択なのだ。あー、しんど。

ところで、「かつ」と「または」を逆にしてもドモルガンの法則はなりたつので、「かつ」と「または」は「双対」の関係にある。

さて、$(a \wedge b)$ が真であるのは、a も b も共に真である場合だけなので、項の数をどんどん増やしていって、$(a \wedge b \wedge c \wedge d \wedge \cdots)$ となっても、全ての項が真でないと全体は真にならない。1つでも偽があると全体が偽になってしまう。

ほら、学校で誰か一人でも悪さをすると、先生が「クラス全体の責任だ」などと訳のわからない連帯責任性をもちだして、全員で校庭を走らされたりするが、あれと同じだ（いまどき、そんな学校があるかどうかわからないが、オレが子供のときは、たしかにあった。）。

そこで、新たな記号

$\forall x$

を導入して、「全ての x についてナントカだ」と読むことにする。「全ての x についてナントカだ」が真なのは、当然のことながら、$x=a$ のときも $x=b$ のときも $x=c$ のときも…

全ての場合について真な場合にかぎられる。∀は「全称記号」という。

$P(x)$=「x は命をもっている」

だとすれば、

$\forall x P(x)$=「全ての x について、x は命をもっている」

となって、たとえば「$x=$ 石ころ」の場合、あまり命をもっていそうにはないから偽なので、$\forall x P(x)$ も偽ということになる。

同様に、$(a \lor b)$ が真なのは、a または b のどちらかが真であれば足りるのだが、これも項を増やして一般化すれば、

$\exists x$

となって、これを「ある x についてナントカだ」とか「ナントカであるような x が存在する」と読むことにする。たった1つだけ、$x=b$ が真だとしても、「ナントカであるような x が存在する」ことは真なわけだ。∃は「存在記号」という。

$\exists x P(x)$ ＝命をもつような x が存在する

は、「$x=$ 猫」の場合にたしかに命をもつから、$\exists x P(x)$ は真になる。∀と∃は「量化記号」と呼ぶ。全部とか一部という量的な概念をあつかうからである。

ドモルガンの法則を素直に拡張すれば、∀と∃は「双対」の関係にあるので、

$$\sim \forall x = \exists \sim x$$

もしくは、

$$\sim \exists x = \forall \sim x$$

となるだろう。この法則の覚え方は簡単で、否定記号の〜が∀や∃を「通り過ぎる」と∀や∃が逆さまになるのだ。つまり、

$$\sim \forall = \exists \sim$$

あるいは、

$$\sim \exists = \forall \sim$$

ということだ。

ここら辺までは、学校の数学の時間にも（それなりに）教わるわけだが、問題はこの先である。

いきなりだが、宇宙が1つではなくたくさんあると仮定しよう。パラレルワールドがたくさんあって、宇宙1では、今、オレの顔面上を猫が駆け抜けていったが、宇宙2ではオレの顔面をよけて猫が駆けてゆき、宇宙3では猫の顔面上をオレが駆け抜けた…などと考えるのだ。

そして、たくさんあるパラレルワールドの全てで、今、オレの顔面上を猫が駆け抜けていったならば、今、オレの顔面上を猫が駆け抜けたことは「必然」だから、

□（猫は今、オレの顔面を駆け抜けた）

と書くのである。

　同様に、たくさんあるパラレルワールドの中に、1つでもいいから、今、オレの顔面上を猫が駆け抜けたような宇宙が存在するならば、今オレの顔面上を猫が駆け抜けた「可能」性があるので、

　　◇（猫は今、オレの顔面を駆け抜けた）

と書く。

　もうおわかりのように、必然をあらわす□は∀と機能的に同じであり、可能をあらわす◇は∃と同じなのだ。必然性や可能性のことを専門用語で「様相」(mode)といい、「様相論理」(modal logic)という分野で活発に研究がおこなわれている。□と◇は「双対」である。冒頭に登場した式、

　　～□＝◇～

は、ドモルガンの法則の拡張と考えることができる。

　もちろん、物理学に出てくるパラレルワールドと違って、様相論理にでてくる無数の宇宙は、必ずしも実在する必要はなく、何かが必然的に起きるのか、それとも起きる可能性があるのかを論ずるために、便宜上、さまざまな「仮想宇宙」を考えるのだ。いわば、数学的なパラレルワールドといえよう。

　この話、いくらでも続きがありそうで、□を「必然」ではなく「証明できる」と解釈し、◇を「可能」ではなく「矛盾しない」と解釈すると、証明可能性の論理学に大変身する。

たとえば、次章に出てくるゲーデルの不完全性定理を証明できたりする。きりがないので、ここら辺でやめるが、論理学は、無味乾燥なイメージとはほど遠く、実に深淵で豊穣な世界なのである。
　参考書をいくつかあげておくので、われぞ、という読者は挑戦してみてくれ！

●参考書：

「論理学の方法」W. V. O. クワイン著、中村秀吉、大森荘蔵、藤村龍雄訳（岩波書店）
「可能世界の哲学」三浦俊彦著（NHKブックス）

Chapter-4
第4分館
無限の不思議館

28 無限の不思議

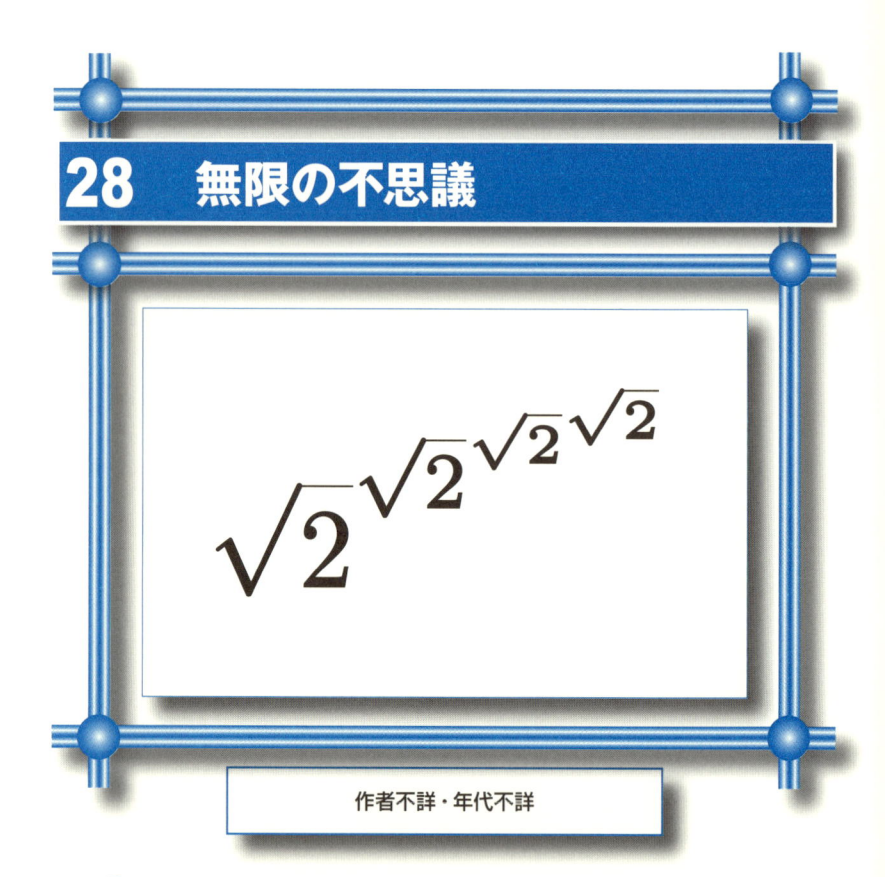

$$\sqrt{2}^{\sqrt{2}^{\sqrt{2}^{\sqrt{2}^{\sqrt{2}}}}}$$

作者不詳・年代不詳

鑑賞

　無限というのは実に不思議だ。何かが無限にたくさんあるからといって、すべてが無限になるわけではない。

　ここに出てきた例は、むかし、オレがカナダの片田舎の大学院に島流しになっていたとき、同僚のアトウッドという男が暇つぶしのために黒板に書いたパズル問題で、出典は不明

(誰か知っていたら教えてください)。

とにかく、$\sqrt{2}$ の $\sqrt{2}$ の $\sqrt{2}$ の……$\sqrt{2}$ 乗と無限に「肩」に乗っているのである。はたして、その数値はどうなるか？

●方法1

電卓で $\sqrt{2}$ の $\sqrt{2}$ 乗を計算して、$\sqrt{2}$ の ($\sqrt{2}$ の $\sqrt{2}$ 乗) 乗を計算して、次々に数を増やしてみる。

●方法2

下から二番目以降の肩の部分を x と置く。ところが、肩の部分は無限に続いているので、その x は、一番下からの値でもある。つまり、

$$\sqrt{2}^x = x$$

という式がなりたつ。これから、$x = 2$ または 4 とわかる。

方法1は実験的であり、「たけしのコマ大数学科」(木曜深夜フジテレビ系)であれば、コマ大チームが身体を張って延々と電卓を叩き続けるのだろう。

この方法でやるかぎり、答えは限りなく2に近くなるものの、もちろん、本当の答えは永遠にわからない。それが実験的な方法の限界なのだ。

方法2は凄くクレバーであり、あっという間に答えが出るが、そこにも落とし穴は存在する。ちょうど（前の節の問題同様）、二次方程式の解が2つあって、問題により取捨選択

を迫られるのと同様、この問題でも「4」という答えは捨てなくてはならない。なぜ捨てなくてはいけないのかといえば、コマ大方式で電卓に打ち込んで行っても4に到達する気配は全くないからである。

友人でコマネチ大学でかわりばんこに解説を担当している中村亨さんに訊ねたら、「2と4というのは必要条件だが充分条件ではないかもしれないわけです」という答えをいただいた。ナルホド。物理屋の感性ではコマ大方式で4を排除してしまうが、数学屋さんはもっと厳密に証明するのだな。読者も挑戦してみてはいかがか。

コラム 有限の数学から無限の数学へ

この「飛翔」は、ちょうど、美術館で具象画から抽象画の鑑賞に移るときに似ている。具象画は「りんご」や「人物」や「風景」といった物理的な実体が描かれている。抽象画はそうではない。「この抽象画は、いったいどんな物理的な実体を描いたものなのだ?」と問い続けるかぎり、あなたは抽象画を理解することはできないし、楽しくもないはずだ。具象画のアタマで抽象画を解釈しようとしてもダメなのである。同様に、有限の数学の常識を引きずっていては、無限の数学は理解できない（似たような状況は、実は、ニュートン物理学からアインシュタインの相対性理論や量子力学に移行するときにも生じる）。

現代数学がわからない人は、「こりゃあ、美術館の抽象画みたいな世界なのだな」と開き直っていただきたい。そうすれば、案外、すんなりと別世界へ「飛翔」することができるかもしれない!

29　逆さまのp進数

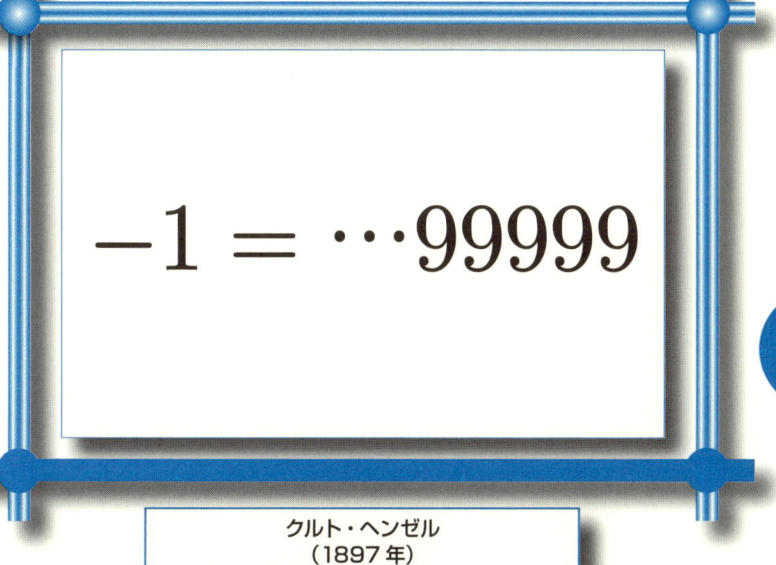

$$-1 = \cdots 99999$$

クルト・ヘンゼル
（1897年）

鑑賞

　またまた変な数式が登場した。ゼータ関数のところにも無限が有限の数になってしまう魔法が出てきたが、いったい数学者の頭の中はどうなっているのだろう？

　等比級数の和の公式、

$$\frac{1}{1-x} = 1 + x + x^2 + x^3 + \cdots$$

において、$x = 10$ を強引に入れてしまうと、

$$\frac{1}{1-10} = "1 + 10 + 100 + 1000 + \cdots"$$

となり、整理すると、

$$-\frac{1}{9} = "\cdots 1111"$$

となり、両辺に9をかければ、冒頭の式になる。やはり、理不尽な感が否めないが、考えてみると、通常の

$$1 = 0.99999\cdots$$

という式の「小数点以下は無限に続いてもよく、小数点より上は有限だ」という状況の逆で、「小数点以下は有限で、小数点より上は無限に続いてもよい」ということにすぎない（とも考えられる）。そのような逆さまの数のことを「p進数」（p-adic number）と呼んでいる（英語で素数の素は prime という。だからpはホントは素数なのだが、話が見えにくくなるので、ここでは、あえて p = 10 の「10進数」で説明しているが、あしからず）。

なんともおかしな感じだが、実は、そうでもない。たとえば、両辺に1を足してみると、

$$-1 + 1 = \cdots 99999 + 1$$

すなわち、

$$0 = \cdots 00000$$

になるのである。右辺は、もちろん、繰り上がりを考慮していただきたい。無限の部分は永遠に続くのだから、右辺も「永遠に0が続く」わけで、そりゃあゼロだろう。

あるいは、両辺を2乗したらどうなるだろうか？　右辺は、繰り上がりを考慮すれば、

$$
\begin{array}{r}
\cdots 99999 \\
\times\ \cdots 99999 \\
\hline
\cdots 99999991 \\
\cdots 9999991 \\
\cdots 999991 \\
\vdots \\
\hline
\cdots 00000001
\end{array}
$$

となるから、要するに、

$$(-1)(-1) = \cdots 00000001$$

となって、マイナスにマイナスをかけるとプラスになることが自動的に（？）説明できるのだ。無論、中学に通う子供に訊かれて、p進数を持ち出したのでは、あとあと収拾がつかなくなるであろうが……。

● **参考書：**

『数学する精神』加藤文元著（中公新書）

30　対角線上の悪魔…その1

背番号	実　数
1	0.2268794…
2	0.0002655…
3	0.1115554…
4	0.0102032…
5	0.9876540…
6	0.3578444…
7	0.0685176…
︙	︙

ゲオルク・カントール
(1891年)

鑑賞

これでは何のことやら意味不明だが、無限集合の数学を確立したカントールにより、対角線上には悪魔が存在することがわかっている。まずは小手調べとしてカントールの議論を説明して、それから、対角線上の悪魔の概略をご紹介することとしよう。

学校では、部分集合は元の集合と同じか、小さいかだと教わる。通常は、ベン図でそれが「あたりまえ」であることを教わる。

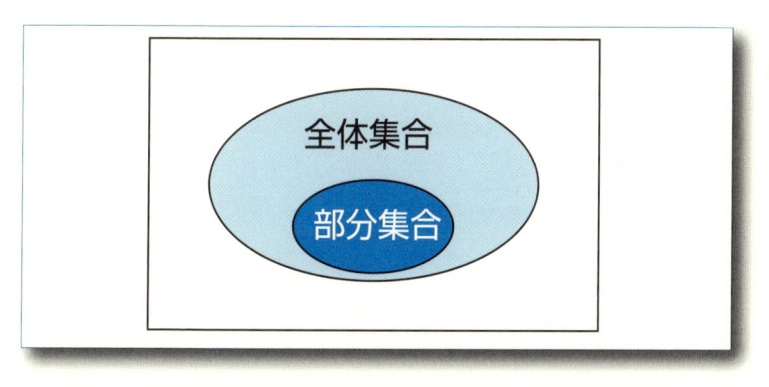

だが、それは集合の要素の数が有限のときの話であり、要素が無限になったら事情は大きく変わる。オレがカルチャーセンターや大学での導入に使うのは、

問題 自然数と偶数と奇数の「総数」は、どれが一番多いか?

という問題だ。普通に考えれば、自然数の領域が偶数と奇数に分かれるのだから、自然数が一番多くて、その半分が偶数で、奇数は偶数と同じだけある、ということになる。だが、それは、まちがっているのだ！

答え　すべて同じ。

　無限を扱う場合には、厳密に数勘定をしなくてはいけない。勘定をする具体的な方法は「一対一対応」と呼ばれる。小学校の運動会の玉入れ合戦や紅白歌合戦で最後に赤玉と白玉を同時にかごから取り出して投げていって、先になくなったほうが負け、というシーンがある。一対一対応というのは、アレである。1つずつ、つきあわせた上で、先になくなったほうが負けなのである。どちらが多いかを比べる場合、これほど確実な方法が存在するだろうか？
　そこで、この一対一対応の方法で、偶数と奇数を比べてみよう。

```
白組（奇数）   1   3   5   7   9   11   13  …
              |   |   |   |   |   |    |
紅組（偶数）   2   4   6   8   10  12   14  …
```

　いかがだろう？　白組（？）の奇数の番号に対して、紅組は常にそれに1を足した数を出してくればいいのだから、この対応関係は無限に続く。つまり、先になくなる組はない。

だから、負けはない。いいかえると総数は同じ、ということになる。

これはさほど不思議でもないだろう。偶数と奇数の総数が同じというのは充分に理解できる。

で、次に自然数を白組、偶数を紅組にして比べてみよう。

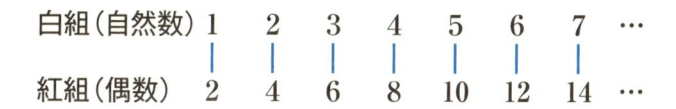

```
白組（自然数） 1   2   3   4   5   6   7  …
              |   |   |   |   |   |   |
紅組（偶数）  2   4   6   8  10  12  14  …
```

うーむ、こちらも、紅組は、白組の番号を2倍した数を出してくればいいのだから、無限に続けることができる。負けはない。つまり、総数は同じということになる。

もちろん、同様にして、自然数と奇数の総数も同じになる。

というわけで、無限集合になると、有限集合の常識は通用しなくなってしまう。頭を切り替えていかなくては無限は理解できない。

よろしいでしょうか？

次にカントールの「対角線論法」に入ります。ここで再び問題です。

問題 自然数と実数の「総数」はどちらが多いだろう？

これまでのパターンから言えば、「同じ」と答えたくなるところだが、残念ながら、答えは「実数のほうが多い」となる。その証明に使われるのが対角線論法なのである。

まず、総数を比べるために一対一対応の方法を使ってみよう。ただし、紙面の恰好の都合で、横ではなく縦に並べてみる。こんな具合に…。

   白組（自然数） 紅組（実数）
    1   0.0098762…
    2   0.7653983…
    3   0.1113347…
    4   0.8357937…
    ⋮   ⋮

実数は小さい順に並べることができないのでランダムに並べるしかない。また、便宜上、0より大きく、1より小さい実数だけを扱うことにする。

さて、もし、自然数と実数の総数が同じだとしたら、この一対一対応の表には、0から1までの全ての実数が網羅されていることになる。だが、それは真っ赤な嘘である。その嘘を暴くには、次のような数をつくってみればいい。

嘘を暴く証人 0.1728……

これはなんだろう？　実は、小数点以下、対角線上にある数を取ってきて、それに1を足したものなのである（9の場合は1を足して0とする）。対角線上の数を取ってくると、0.0617…だが、小数点以下の各桁に1を足せば、「証人」の数になる。

実は、この証人は、次のような証言をするのである。

証言「私はこの一覧表に入っておりません！」

しつこいようだが、この一覧表は、0から1までの実数に（自然数の）背番号をつけて網羅したものなのだ。ところが、証人は、この完璧なはずの一覧表から洩れている、と主張するのだ。

いったいなぜだろう？

まず、証人は背番号1の実数（＝0.0098762…）ではない。なぜなら、小数点1桁目が食い違うからである（1を足してしまったため）。

次に、証人は背番号2の実数でもない。なぜなら、小数点2桁目が食い違うからである。以下同様にして、証人は、背番号nの実数とも食い違う。なぜなら、小数点n桁目が食い違うからである。これは無限に続くから、証人は、この一覧表に載っている全ての実数と食い違う。

結論として、証人の数は、完璧なはずの一覧表に入っていないことになる。しかし、証人の数は、あきらかに実数であるから、自然数と実数との一対一対応において、自然数は負け、ということになる。赤組の実数のほうが、少なくとも一つ（＝証人の数＝0.1728…）だけ多いのである。

実は、証人は他にも大勢いる。ここでは対角線の各桁に1を足したが、実際には、1を引いてもいいし、3を足してもいいし、ようするに、「その桁を変えてしまえばいい」だけ

のことだからである。対角線の数を取ってきて、各桁を好き勝手に変えてしまえば、できあがった数は新たな証人となる。

　実数の「総数」は、自然数の総数より圧倒的に多い。自然数の無限を表すのに「可算無限」、実数の無限を表すのに「実数無限」という言葉を使うことがある。可算とは「数えられる」という意味であるから、実数は（背番号をつけて）数えることができないほど多い、ということになる。

●参考書：
『はじめての現代数学』瀬山士郎著（講談社現代新書）

コラム　ゲオルク・カントール（1845 ～ 1918）

　カントールは、ドイツの数学者である。15才の頃から数学的な才能を認められ、ベルリン大学で、数学、物理学、哲学を学び、ライプツィヒ近郊のハレ大学で教授を務めた。

　彼の研究は、専門家でも顔をしかめる難解な集合論であり、親交の深かった学者には、ヒルベルト、デデキント、クロネッカー、そしてゲーデルなど、現代の数学科の学生にはまず間違いなく嫌われる面々がそろう。しかし、集合論を厳密にあつかって「現代集合論」を確立したのは彼である。

　彼は、1890年に無限集合についての革命的な論文を発表した。その論文は、「1対1の対応がつけられるものの個数は等しい」という基本的な考え方から出発し、同じ無限であっても自然数の個数より実数の個数が多いことを証明した。

　カントールは、無限を、単に限りないものとしてとらえずに、自然数や実数との1対1対応によって無限をグループ化し、無限を調べるハシゴを作り上げた。ここで、無限集合に対角線論法を適用すれば「無限より大きな無限の集合」ができてしまう。この結果、「最大無限がない」ことが証明される。

　当時の数学者たちは彼の説を理解せず、彼の師クロネッカーは「このような数学は認められるはずがない」といって激しく非難し続けた。内向的で小心者だったカントールは、自分の研究に自信を失い、精神を病んで、失意のうちになくなった。

31　対角線上の悪魔…その2

$$\neg \exists x P(x, n, n) = f_n(n)$$

クルト・ゲーデル
（1931年）

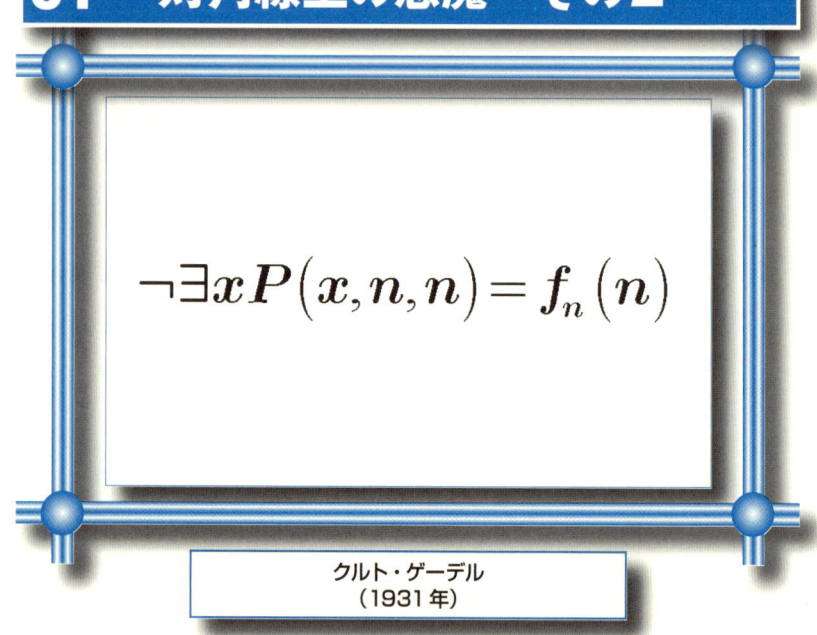

鑑賞

さて、前節のロジックを使って、今度はゲーデルの「不完全性定理」の考え方を理解してみよう（ただし、本格的な議論をやるのはもっともっと準備が必要で疲れてしまうので、あくまでも「観賞」というレベルでご紹介することになります。あしからず）。

ゲーデルの問題意識は、そもそも数学では「あらゆることが証明できるのか？」というものだ。現代風にいいかえれば、「なんでも計算できるの？」となる。コンピュータは「計算機」のことだが、世の中には、計算できるものとできないものがあるのか、それとも、コンピュータの性能さえアップすれば、原理的になんでも計算できるのだろうか。

　ここで「原理的」というのは大切だ。なぜなら、原理的には計算が可能だとしても、実際に計算を始めたら一兆年かかる、というのでは、実際には意味がないからである。

　そういった計算可能性の問題は計算機科学の重要課題だが、ここでは、あくまでも「原理」の話にかぎって考えてみたい。ゲーデルの不完全性定理は、証明＝計算の原理にかかわる問題なのだ。

　あと、これは言葉の問題なのだが、「不完全」というのは、おおまかに言って、「証明できることと真であることが完全には一致しない」というような意味である。通常、数学においては、真なることは証明できるから、真と証明は同じ概念と思われがちだが、極限状況（？）では、両者は必ずしも一致しない。常識的には理解しがたいかもしれないが、やはり、ここら辺は「思考の飛躍」を必要とする。

　さて、カントールの対角線論法と同じようにして、あらゆる証明（計算）可能な関数を一覧表にしてみよう。パソコンのご時世なので、あらゆる計算プログラムといいかえてもかまわない。ただし、話を簡単にするために関数の変数（ある

いはプログラムの入力）は1つとする。それを$f_i(x)$という記号で表すことにしよう。iはプログラムの背番号である。

●背番号 x に具体的な値を入力した計算結果

1 ── $f_1(1)$　$f_1(2)$　$f_1(3)$　$f_1(4)$　……
2 ── $f_2(1)$　$f_2(2)$　$f_2(3)$　$f_2(4)$　……
3 ── $f_3(1)$　$f_3(2)$　$f_3(3)$　$f_3(4)$　……
4 ── $f_4(1)$　$f_4(2)$　$f_4(3)$　$f_4(4)$　……
5 ── $f_5(1)$　$f_5(2)$　$f_5(3)$　$f_5(4)$　……
⋮　　　⋮　　　⋮　　　⋮　　　⋮

　基本的に、ここには証明（計算）可能な関数、いいかえるとプログラムが網羅されている。そういう前提なのである。

　実は、この背番号には「ゲーデル数」という名前がついている。その詳細は論理学とも関係するので参考書に譲るが、コンピュータのプログラムという観点からは、そのプログラムを0と1で表したものを10進数に変換すればいい。ようするに、そのプログラムの「数」ということである。

　ここで、天下りだが、次のような内容を持つプログラムを考えてみよう（プログラム「出力」のことを論理学では「命題」という。命題とは、真偽が決まる文章のことだ）。

　「ゲーデル数がkである、一変数yを含むプログラムの、

変数 y に数 l を代入したプログラムの証明のゲーデル数となる数 x が存在する」

複雑で大変なので、これを記号で、

$$\exists x P(x,k,l)$$

と書く。P は証明（proof）の頭文字。

次に、k と l を y で置き換えて否定記号をつけた、

$$\neg \exists x P(x,y,y)$$

を考える。これは変数 y が1つなので、プログラムの一覧表のどこかに載っている。仮に、それが n 番目の $f_n(y)$ だとしよう。つまり、

$$\neg \exists x P(x,y,y) = f_n(y)$$

だとする。いったい何をやっているのか、とイライラしてきたかもしれないが、あと一歩である。おつきあい願いたい。

対角線に注目して、y に n を代入した、$f_n(n)$ すなわち

$$\neg \exists x P(x,n,n)$$

を考えてみよう。このプログラムはどんな内容をもっているのか。まず、「$\exists x P(x,n,n)$」は、「ゲーデル数が k である、

変数yを含むプログラムの、一変数yに数lを代入したプログラムの証明のゲーデル数となる数xが存在する」のkとlにnを代入して、「ゲーデル数がnである、変数yを含むプログラムの、変数yに数nを代入したプログラムの証明のゲーデル数となる数xが存在する」

だが、これはいいかえると、「$f_n(y)$の変数yにnを代入したプログラムの証明のゲーデル数となる数xが存在する」となり、さらにいいかえると「$f_n(n)$の証明のゲーデル数となる数xが存在する」だ。

ということは、否定記号のついた「$\neg \exists xP(x,n,n)$」の内容は「$f_n(n)$の証明のゲーデル数となる数xは存在しない」であり、いいかえると、「$f_n(n)$は証明できない」ということ。ところが……。

かなり息が切れてきたが、いよいよクライマックスである。「$\neg \exists xP(x,n,n)=f_n(n)$」なのだから、$f_n(n)$は「$f_n(n)$は証明できない」という内容をもつことになる。つまり、自分自身が証明できない、という意味で「真」であるにもかかわらず、実際に証明ができないような命題（プログラム）がみつかった！

これが対角線論法であることに注意していただきたい。なにしろ、$f_1(1)$、$f_2(2)$、…、$f_n(n)$というn行n列を考察しているのだから。

ところで、最初に対角線論法を考え出したカントールは、クロネッカーを始めとする当時の保守的な数学者の「無限の

数学はまちがっている！」という攻撃に神経をすり減らし、精神に異常を来して他界している。また、1936年にゲーデルの定理と同等な証明を考え出したアラン・チューリングの人生も悲惨だ。チューリングはホモセクシュアルだったのだが、当時のイギリスではそれは「違法」だった。ホモセクシュアルの罪で有罪となったチューリングは、それを苦にしてか、青酸カリを呑んで自殺してしまった。

どうやら、無限にかかわった天才たちの末路は、かなり厳しいことが多いようだ。無限の世界で自由な思考を飛躍させる天才たちは、有限の世界にへばりついている凡人たちとは、うまく噛み合わない。だから、迫害されてしまうのかもしれませんなぁ。

● **参考書：**

ここでの「鑑賞」も、前節に続いて、『はじめての現代数学』瀬山士郎著（講談社現代新書）を参考にした。この本は名著である（絶版だが……）。

また、ゲーデルの証明の（数学者ではなく哲学者による、いいかえると）文系でも理解できる解説は、たとえば、『論理学』野矢茂樹著（東京大学出版会）がオススメである。

本格的に勉強したい人は、『Gödel's Incompleteness Theorems』Raymond N. Smullyan著（Oxford University Press）に挑戦していただきたい（かなりムズカシイがきっちりと書いてある）。

コラム クルト・ゲーデル（1906 ～ 1978）

「アリストテレス以来の天才」といわれた数理論理学者、理論物理学者。1924年にウィーン大学に入学したゲーデルは1931年、「数学は自己の無矛盾性を証明できない」ことを証明した「不完全性定理」を発表し、世界に大きな衝撃を与えた。

この定理に対し、後にプリンストン高級研究所で同僚となるノイマンは、最大限の賛辞を送った。ただし、竹を割ったような結論が独り歩きし、数学者の間でも誤解が生じたという。

アインシュタインの一般相対性理論における「ゲーデル解」は、時間旅行の可能性をしめしたものとして有名だ。時空がどこかを中心に自転しているとき、中心から遠く、回転速度が相対的に光速を越えるようになると、部分的にしか過去と未来の区別がつかなくなり、宇宙の歴史が周期的に繰り返される「タイムループ」が生じる。このため、理屈の上では時間旅行が可能になるのだ。

ゲーデルは1940年、ドイツを逃れて米国に移り、プリンストン高等研究所に就いた。ここでは、かねてから親友であったアインシュタインと家族ぐるみで親交を深めた。

この渡米の時点から彼は精神の疲弊が目立ち、市民権を得るため合衆国憲法への忠誠を誓う際、それが独裁者の出現を排除できない欠陥憲法であることを指摘したり、晩年は自分が毒殺されるのでは、と妻が作った食事以外は口にせず、自宅にこもって研究を続けた。最後には妻の入院中に絶食をして餓死した。

32　チャイティンのΩ

$$\Omega = ?$$

グレゴリー・チャイティン
（1987年）

鑑賞

　すでに「計算不可能性」の話が出てきたが、チューリング自身は、もうちょっと厳密な議論を展開していて、「任意のコンピュータ・プログラムが停止するかどうかを決める方法は存在しない」ということを証明した。

　ゲーデルもチューリングも同じレベルの

不完全性＝計算不可能性＝停止判別不可能性

を証明したのだが、IBMワトスン研究所のグレゴリー・チャイティンは、そのレベルをもう一歩高めて、

究極の不完全性＝計算不可能性＝停止判別不可能性

を証明した人物だ。

チャイティンは、コンピュータ・プログラムの停止確率を計算してみせたのだ。単に停止するかどうか、という議論ではなく、停止する確率を求めたのだから、いわばチューリングの定性的な議論を定量的にしたのだといえるだろう。

その停止確率をチャイティンはギリシャ語のΩ（オメガ）であらわした。時計の銘柄じゃないが、そこには「究極の」という意味が込められている。

チャイティン自身が例に出している「おもちゃのコンピュータ」でΩの近似値を求めてみよう。そのおもちゃのコンピュータには「停止」するプログラムが3つだけ入っている。こんな具合に──。

停止するプログラム1　　１１０
停止するプログラム2　　１１１００
停止するプログラム3　　１１１１０

＊注
「110」が停止するということは、たとえば、
　　「110001」
というように「110」で始まるプログラムは全て停止する、という意味である。コンピュータにコイン投げの結果を入力していって、「110」と入れた時点でプログラムは停止するので、それ以上の入力はできなくなる。

なんじゃ、これは？　いや、もちろん、プログラムというのは0と1の羅列なのであり、二進法の各桁がもっている（0か1かという）情報を「ビット」と呼ぶのだから、今考えているおもちゃのコンピュータの場合、3ビットの「110」というプログラムと5ビットの「11100」と「11110」という2つのプログラムが用意されているのである。

さて、このおもちゃのコンピュータが停止する確率はどうやって計算されるだろう？

まず、「任意のプログラム」を選ばなければならない。任意というのは、ランダムということであり、たとえばコインを投げて、表なら1，裏なら0とでもすればいい。たとえば、コインを3回投げた時点で、運良く停止するプログラム1（= 110）に当たる確率は、

$$\left(\frac{1}{2}\right)^3$$

である。同様にして、コインを5回投げた時点で、運良く停止するプログラム2か3に遭遇する確率は、

$$\left(\frac{1}{2}\right)^5 + \left(\frac{1}{2}\right)^5$$

である。つまり、停止するプログラムがこの3つしかないおもちゃのコンピュータの場合、停止確率Ωは、

$$\Omega = \left(\frac{1}{2}\right)^3 + \left(\frac{1}{2}\right)^5 + \left(\frac{1}{2}\right)^5$$
$$= 0.001 + 0.00001 + 0.00001 = 0.00110$$

ということになる。

さて、これのどこが面白いのかというと、「おもちゃ」の例からわかるように、Ωを1桁（1ビット）計算するには1ビットのプログラムが必要であり、Ωを3ビット計算するには3ビットのプログラムが必要であり……Ωを n ビット計算するには n ビットのプログラムが必要だ、という点なのである。

理想的なコンピュータの場合、ビット数に上限はないから、Ωは原理的に計算不能ということになる。

そもそも数字が「ランダム」であるとは、そこに規則性が見いだせないために「圧縮不能」ということである。状況を明らかにするために、圧縮可能な例をあげてみると、たとえば、

　　0000000……

という数字列は、「0を印字し続けよ」というプログラムで実現できるが、「0を印字し続けよ」というプログラムは、さほど長くないので、情報が圧縮できてしまう。

そういう具合に圧縮できる数字はランダムではない。

しかし、Ωを n 桁計算するには、n 桁のプログラムが必要なのだから、それは、いいかえると、「Ωは圧縮できない」

ということなのだ。つまり、Ωは完全にランダムな数字なのである。

ゲーデル、チューリングにより始められた「不完全性＝計算不可能性＝停止判別不可能性」の流れは、チャイティンのΩ数にいたり、最高に計算不可能なレベルにまで到達したようである。

そもそも「理論」というのは、与えられたデータを、より短い方程式（＝プログラム！）で計算することをいう。だとしたら、Ωというデータを計算する理論というのは存在しない。なにしろ、データと同じ長さの理論が必要になってしまうのだから。

物理学者は究極理論をつくりたがるが、そんなのは無駄な努力にすぎないのかもしれない。なぜなら、どんな究極理論も、究極のΩを計算することができないからである。

もちろん、物理学者が追い求めているのは、実際には、Ωも含めた、物質界と数学界の究極理論ではなく、あくまでも物質界だけをあつかう究極理論なので、無駄というのはいいすぎかもしれないが……。

●参考書：

『メタマス！　オメガをめぐる数学の冒険』グレゴリー・チャイティン著、黒川利明訳（白揚社）

「ゲーデルを超えて　オメガ数が示す数学の限界」G. チャイティン（日経サイエンス、2006年6月号）

コラム グレゴリー・チャイティン（1947～ ）

　30年間IBMのワトソン研究所で働く、シカゴ生まれのアルゼンチン系アメリカ人の数学者、コンピュータ科学者。

　16歳で「ランダム性」に興味を抱いて物理学を志したが、ゲーデルが1931年に発表した不完全性定理に惹かれ、ナーゲルとノイマンが著した「ゲーデルの証明」をむさぼるように読み、数学者を志すようになった。さらに、ゲーデルの不完全性を仮想デバイスに置き換え発展させた「チューリングマシンは停止を判定することができない」とするチューリングの研究を引き継ぎ、数学の世界にランダム性の定義を持ち込んで、新分野を開拓した。

　彼は「数学は、そして情報はセクシー」「心理学的情報は、生命と創造性についての新しくてもっと刺激的な第一歩」だと言い切る。形而上学によるアルゴリズムの情報理論が、生物学や神経科学を解く鍵であると主張し、数学との関係を解明しようとデジタル哲学を進めてきた。

33　ロビンソンの無限小数

$$\frac{dy}{dx} = st\left(\frac{\Delta y}{\Delta x}\right)$$

アブラハム・ロビンソン
（1960年）

鑑賞

　アブラハム・ロビンソンは論理学者である。1960年に論理学の「モデル理論」と呼ばれる分野の手法を用いて、微分積分学をライプニッツ流の「無限小数」にもとづいて再構成することに成功した。

　われわれが学校で微分積分を教わるとき、誰でも素朴な疑問を抱くはずだ。それは、Δx と dx、あるいは、Δy と dy

が「どうちがうのか？」という疑問である。

なにしろ、学校の先生は、「Δx は小さな、それでも有限の変化です」などと教えるくせに、いつのまにか、それが、無限小の dx に化けているからだ。微分の定義は、

$$\frac{\Delta y}{\Delta x} = \frac{y(x+\Delta x) - y(x)}{\Delta x}$$

として、差を取ってから割るわけだが、学校では、$\Delta x = 0.1$、$\Delta x = 0.01$、$\Delta x = 0.001$……などと、どんどん小さくしていって、そこまでは誰でも理解できるわけだが、先生は、いきなり、

「Δx が無限小の極限で微分になります」

と、冷たく言い放つのである。

オレの（物理学ではなく科学史の）恩師の村上陽一郎は、ここら辺の概念上のギャップを「微分の言い抜け」と表現しているが、言い得て妙である。もちろん、村上先生は、微分が数学的に厳密ではない、と主張しているわけではなく、数学の専門家たちの発想と、数学者でない人々（そこには物理学者も含まれるかもしれないが！）の間のジョーシキの差というか、見えない「壁」のことを指摘しているわけだ。

皮肉な話である。ライプニッツが微分を発見したとき、彼の頭の中にあったのは、抽象的な論理というよりは、「無限小の数」という具体的な描像だったはずなのに、それが、いつのまにか、理数系の一部の人間以外には直観的に理解でき

ない代物になってしまったのだ。

そして、この状況を数学がデキル人々、つまり数学者たちは、あまり理解していないようだ。まさか、わからない奴は勝手に落ちこぼれろ、というわけでもあるまいが、なぜ、数学が直観的にわかるものであってはいけないのか、理解に苦しむところだ。

理数系の人間でも、大学に入ってすぐに開講される解析学の授業についていくのは大変だ。実際、数学科に進む連中と、ほんの一握りの学生だけが、数学者である教授の講義についていくことができる。残りの連中は、あまりに非直観的な授業に辟易し、その後の人生において、数学に対する怨念と劣等感にさいなまれることになってしまう。

特にやっかいなのが、「連続」という概念である。ある関数 $f(x)$ が連続であるとは、直観的に考えれば、「途中で切

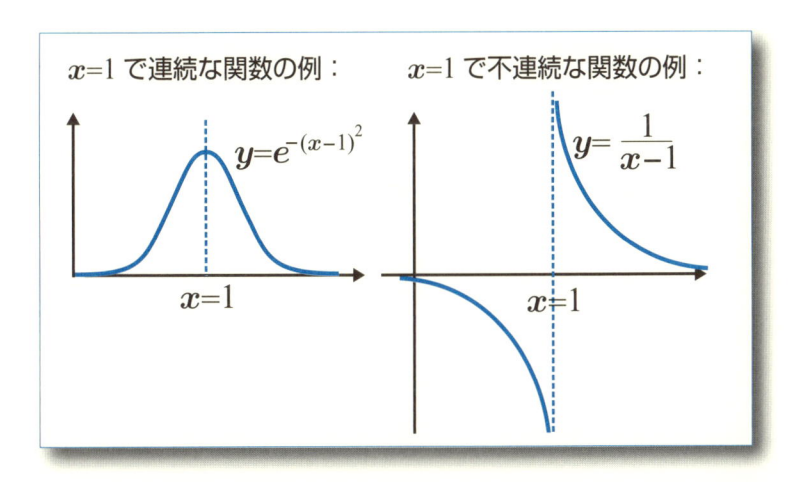

$x=1$ で連続な関数の例：　　$x=1$ で不連続な関数の例：

$y=e^{-(x-1)^2}$　　$y=\dfrac{1}{x-1}$

$x=1$　　$x=1$

れていない」という意味にすぎない。たとえば、$x=1$ において $f(x)$ が連続であるとは、「x が 1 に限りなく近づいたとき、$f(x)$ も限りなく $f(1)$ に近づく」ということだろう。

$x=1$ において連続な関数とそうでない関数の例を描いてみよう（前ページ下段の図）。

だが、数学の教授は、この直観的な理解ではダメだという。そして、コーシー、ワイアストラス、ボルツァノという偉大な数学者たちが考えついた「厳密」な連続の概念を披露してくれる。こんな具合に——。

- ● ε–δ による連続の定義

任意の正の実数 ε に対し、ある正の実数 δ をとると、実数 x が $|x-c|<\delta$ をみたせば $|f(x)-f(c)|<\varepsilon$ をみたす。

なんじゃ、これは（汗）。

いや、これこそが大学初年度でほとんどの人を数学アレルギーへと追い込む「ε–δ 法」（イプシロン–デルタ法）なのである。ε は「任意」なのだから、0.001 でも 3 でも 1 億でもかわないのだろうか。「ある正の実数 δ」とは具体的にどんな数なのか。そもそも論理学すらきちんと教わっていない大学一年生にこの文章をみせて、「わからない奴はバカだ」みたいな態度を示せば、みんなが数学嫌いになっても不思議ではない。

オレは、これでも理論物理が専門で大学院も出ているのに、このε-δ法の悪夢から解放されたのは、三十歳過ぎであった。

まあ、こういうのは、最初からわかる奴はわかるのであって、そこにはギャップも壁も何もない。だが、わからない「われわれ」も血の通った人間である。バカにされてうれしいはずもない。

しかし、数学の秀才でなくても、直観的かつ厳密に「連続」が理解できる方法が存在する。それこそが、ロビンソンの考えた「無限小解析」なのだ（「超準解析」と呼ぶこともある）。

なに、アイディアは、きわめて単純である。実数の概念を拡げて、「超実数」があると考えればいいのだ。具体的には、これまでの実数のほかに「無限小数」を数として付け加える。いいですか、「無限の小数」ではありません。「無限小の数」なのです。

そうするだけで、あーら不思議、みんなを苦しめる「厳密な解析学」の授業が驚くほど身近なものになる。

われわれは、1、2、3……という自然数から始めて、1/2、2/3、345/21……という有理数、さらには、0.0003689……、1.41421356……というような実数へと、数の概念を拡げてきた。整数「1」の近くには1.1もあれば、1.001もある。だから、実数「1.41421356……」の周囲にも「1.41421356……$+\mathit{\Delta}x$」という超実数があると考えればいいのだ。実数「0」の周囲にある「$\mathit{\Delta}x$」を「無限小超実数」あるいは「無限小数」と呼ぶ。

超実数は、実数のほかに無限小数を含むような数の体系だ（厳密には、無限小数が分母にきた、無限大数も含まれる）。

　実数には、いくらでも小さいものもあるから、世の中に「一番小さな実数」というのは存在しない。だが、それは実数だけの世界で考えているからであり、超実数という新たな数を考えるのであれば、どんな（正の）実数よりも小さな超実数があっても論理的な矛盾は生じない。どんな（正の）実数よりも小さな超実数は、もちろん、無限小数である。

　2つの超実数 x と y があるとき、差 $(x-y)$ が無限小数のとき、「x と y は無限に近い」といい、「$x \approx y$」と書く。

　ようやく、本節の変な数式の意味を説明する段になった。

　「st」というのは「スタンダード」の略で、「標準部分」を意味する。それは、与えられた超実数から無限小の部分を取り除くことにあたる。具体例としては、

$st(2 + \Delta x) = 2$
$st(2.4 \times \Delta x) = 0$

などとなる。これは、要するに、超実数の数の世界で計算をやってから、最後に標準的な実数の世界に戻してやる演算なのだ。2つ目の式では、有限の数に無限小数 Δx がかかっていて、全体として無限小数なので、標準部分はゼロになる。

　この考えを使うと、微分も気持ちよく計算することができる。具体例として、x の2乗を微分してみよう。

$$\frac{\Delta y}{\Delta x} = \frac{y(x+\Delta x) - y(x)}{\Delta x} = \frac{(x+\Delta x)^2 - x^2}{\Delta x}$$

$$= \frac{2x\Delta x + (\Delta x)^2}{\Delta x} = 2x + \Delta x$$

この超実数の標準部分をとれば、

$st(2x + \Delta x) = 2x$

となって、実数の世界での微分の答えが計算できる。

また、ε-δ法によらずとも、連続の概念も直観的に理解できるようになる。関数 $f(x)$ が $x=1$ において連続であるとは、

$x \approx 1$ なら $f(x) \approx f(1)$

ということだ。実に単純である。変数 x が 1 に無限に近いとき、関数 $f(x)$ が $f(1)$ に無限に近ければ、関数 $f(x)$ は $x=1$ で連続なのだ。

そもそも、実数だけを考えていると、「無限小」という概念がうまく直観的に定義できないので、数学者はエライ苦労をして、ε-δ法に到達したのであった。だが、論理学の助けを借りて、ロビンソンが直観的な無限小数の体系をつくってくれた今、数学科に進まない学生には、頭がクラクラする

ような ε-δ 法ではなく、古き良きライプニッツの伝統に立ち返った「無限小数」で教えたら、数学に対する後悔、無念、恥辱、怨念も、いくらか、やわらぐのではあるまいか。

●**参考書：**

『無限小解析の基礎』キースラー著、齋藤正彦訳（東京図書）

> **コラム** アブラハム・ロビンソン（1918～1974）
>
> 旧ポーランドのヴァウブジフ出身のユダヤ系の数学者・論理学者で、数理論理学、モデル理論を専門とした。
>
> 彼は強烈なシオニズム信奉者の家庭に生まれた。ナチス・ドイツのフランス侵攻時にフランスにいた彼は、列車と徒歩で逃げ続けた。その後彼は自由フランス軍に入隊し、特に戦闘機の翼の設計に従事した。
>
> 彼は英国で航空工学を学び、特にデルタ翼と超音速流を研究し、超音速翼・亜音速翼の設計に関しては世界的権威になったが、数理論理学への興味は捨てず、戦後は UCLA に職を得て、ついにライプニッツ流の無限小や無限大を合理化した「超準解析」（non-standard analysis）を考え出した。本項で「無限小解析」と呼ぶものである。

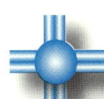

34　海岸線の長さはどうやって測る?

$$L = \lambda (\Delta x)^{d-1}$$

ハウスドルフ&ベスコヴィッチ
(1973年)

鑑賞

　非整数次元の数学を大々的かつ系統的に研究し始めたのはベルギー生まれの数学者ベノワ・マンデルブロだ。オレも若いころ、マンデルブロの『フラクタル幾何学』という本を読んで、いたく感銘を受けた憶えがある。ところが、今から数年前、その改訂版が日本のどこの出版社からも出ない、とい

う話を聞いてビックリ仰天した。実際、さる大手出版社の編集者から電話がかかってきて、「いま、ウチにマンデルブロという人が来ているのだが、大判でデザインもきちんとしたものを出したい、と言われて困っている」と言われ、言葉が出なかった。

　紛れもない名著だし、科学史に残るほどの業績なのに、日本の出版社は「元が取れない」ということで、どこも出版を渋っていたのである。日本の科学離れもここまできたか、という感じで、ため息が出た（てゆーか、どっか出版しろよ！）。

　さて、典型的なフラクタル図形といえば雪片曲線（またはコッホ図形）がまず思い浮かぶ。

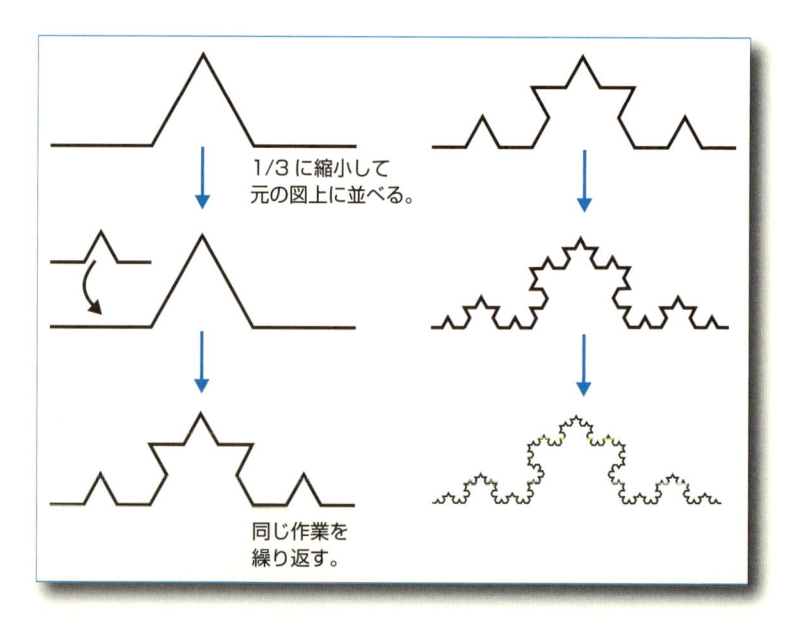

ここには2つの考え方がある。まず、前頁の図にあるように、真ん中がくさび型になった基本図形から始めて、次々と細かい繰り返し構造をつくってゆく、という考え方。もう一つは、最初から、こういった繰り返し構造が無限に続いているのだが、人間の目が悪くて（あるいは顕微鏡の解像度に限界があって）細かい部分は見えない、という考え方。どちらでもかまわない。

　フラクタル図形の特徴は3つある。

1. 自己相似であること
2. いたるところ微分不可能であること
3. 非整数次元であること

　「自己相似」というのは、図形のある部分を拡大してみると、それが全体と同じ形をしている、という意味だ。自分の格好が、細かいスケールでも延々と続いているのだ。

　「いたるところ微分不可能」というのは、ようするに「どこでもギザギザ」ということだ。微分というのは「接線を求めること」にほかならないが、図形のあらゆる点で、無限に構造が続いているのだから、接線は定まらない。ふつうの三角形の頂点でも接線の傾きは決まらないわけだが、フラクタル図形の場合は、あらゆる点において微分が不可能なのだ。

　「非整数次元」については、少々、解説が必要だろう。まず、フラクタル図形の長さを測ることを考えよう。

　このように、フラクタル図形の場合、測定に使うモノサシ

によって長さが変わってくる！ ちょっと驚きだが、よくよく考えてみれば、延々と細かい自己相似形が続いているのだから、どんどん短いモノサシを用意すれば、どんどん細かい構造が測定できることになり、長さは増大する。

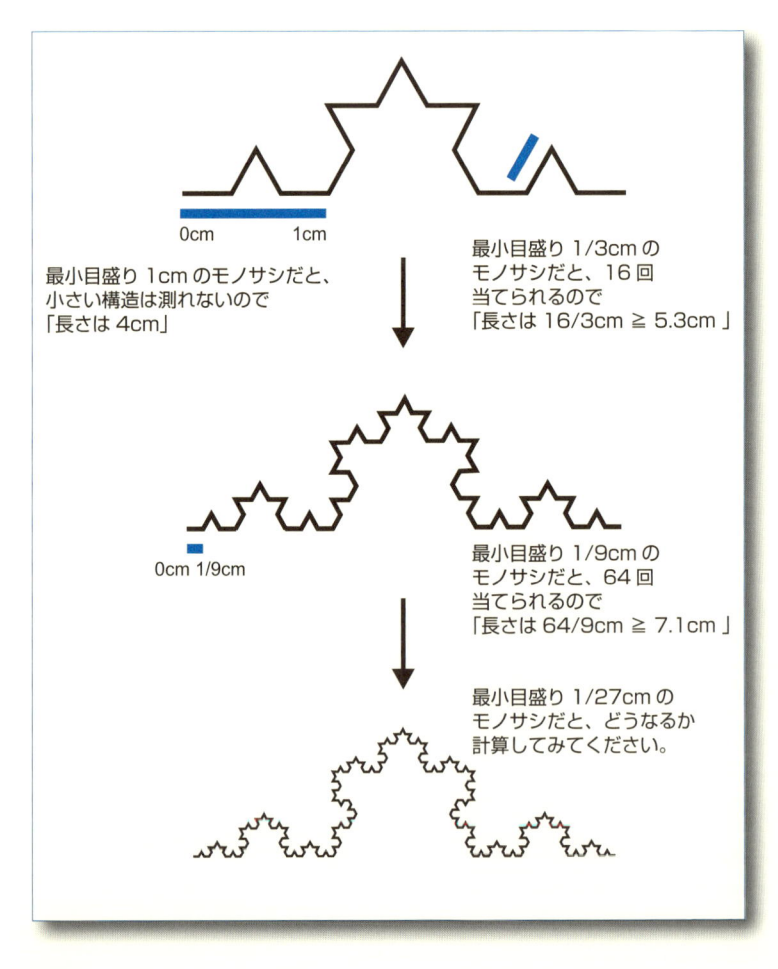

最小目盛り1cmのモノサシだと、小さい構造は測れないので「長さは4cm」

最小目盛り1/3cmのモノサシだと、16回当てられるので「長さは16/3cm ≧ 5.3cm」

最小目盛り1/9cmのモノサシだと、64回当てられるので「長さは64/9cm ≧ 7.1cm」

最小目盛り1/27cmのモノサシだと、どうなるか計算してみてください。

マンデルブロの『フラクタル幾何学』では、海岸線の長さが例として出ていた気がするが、たしかに、国の面積は地理の教科書に出ているけれど、国の周囲の長さは出ていない。海岸線の細かい部分をどこまで測ればいいのか。1ｍ未満は切り捨てるのか、それとも、砂粒のレベルまで測るのか。

そこで、使うモノサシによらない「長さ」の定義が必要になる。それが、

$$L = \lambda (\Delta x)^{d-1}$$

なのだ。ここで λ は「あるモノサシで測った長さ」であり、Δx は「そのモノサシの解像度」であり、d は「非整数次元」だ。L は数学者ハウスドルフの名をとって「ハウスドルフ長さ」といい、ようするに、モノサシによらない長さである。

ちょっと脱線するが、ドイツの数学者フェリックス・ハウスドルフ(1868 - 1942)の人生は過酷だ。解析学やトポロジーで数多くの業績をあげた偉大な数学者だったが、ナチスの台頭とともに「非ドイツ的数学」の烙印を押され、1935年には強制的に引退させられてしまう。彼はユダヤ人だったからである。そして、1942年の1月26日に、強制収容所送りをまぬがれられないとわかり、妻と義理の妹とともに自殺したのである。

同じユダヤ人でも、アインシュタインのようにナチス台頭とともに海外に亡命した学者もいたが、ハウスドルフは、根っ

からの数学者であったせいか、ちまたで起きている政治的な動きには、さほど敏感でなかったのかもしれない。

さて、コッホ図形の場合なら、モノサシの最小目盛りが1/3になるたびに、長さは4/3倍になるから、

$$\Delta x' = \frac{1}{3}\Delta x, \quad \lambda' = \frac{4}{3}\lambda$$

と書くことができる。

ハウスドルフ長さがモノサシによらない、というのは、

$$L = \lambda(\Delta x)^{d-1} = \lambda'(\Delta x')^{d-1}$$

ということであり、

$$\lambda(\Delta x)^{d-1} = \frac{4}{3}\lambda\left(\frac{1}{3}\Delta x\right)^{d-1}$$

であればいい。この等式がなりたつのは、計算してみると、

$$d = \frac{\ln 4}{\ln 3} \approx 1.26$$

のときだ。

練習 上の値を確かめること。ln は自然対数である。

コッホ図形が非整数次元「約1.26」をもつ、と考えると、

モノサシによらない長さが定義できるのだ。

　それにしても、次元が1.26とはどういうことだろう？　1次元の直線よりも複雑で広がっているけれど、2次元の平面ほどの広がりはもたない。まさに、われわれが知っている「人工的な図形」とちがって、自然界に存在する有機的な図形の広がりといっていいだろう。

　ところで、量子力学の論文をサーチしていたら、興味深い研究に出会った。素粒子の軌跡は不確定性原理のせいでハッキリしないのであるが、その軌跡のフラクタル次元を計算した学者がいる。

　量子の運動量をpとすると、不確定性原理から、

$$p \propto \frac{\hbar}{\Delta x}$$

であるが、$p=mv$（mは質量、vは速度）であり、また、距離の目安の$\lambda=vt$（tは時間）と考えられるから、

$$\lambda \propto \frac{\hbar t}{m \Delta x}$$

となる。これを使って、ハウスドルフ長さを計算すると、

$$L = \lambda (\Delta x)^{d-1} \propto \frac{\hbar t}{m \Delta x} (\Delta x)^{d-1} \propto (\Delta x)^{d-2}$$

となる。これが解像度Δxによらないためには、

$d=2$

であればよい！

　すなわち、量子の軌跡のフラクタル次元は「２次元」なのだ。古典力学の粒子の軌跡が１次元であることを考えると、量子がきわめて特殊な「経路」をたどっているとみなしてよいことがわかる。それは、放っておくと２次元平面を埋め尽くしてしまうような広がりをもっている。

　ちなみに、酔っぱらいがフラフラと千鳥足で歩く「酔歩」（＝ブラウン運動）のフラクタル次元も２である（しかし、「つまり、量子は○っぱらっているらしい」というオヤジギャクはやめておく——）。

INDEX

欧字 1/f 分布　　　　　　　　59
∀（全称記号）　　　　　　149
∃（存在記号）　　　　　　149
δ 関数　　　　　　　　　　68
ε−δ 法　　　　　　　　　184
D ブレーン　　　　　　　　31
LHC 加速器　　　　　　　　43
NP 完全問題　　　　　　　133
p 進数　　　　　　　　　157
SETI　　　　　　　　　　　72

あ アーベル　　　　　8, 83, 105,
　　　　　　　　　107, 131, 135
　アーベルの定理　　　　　105
　アインシュタイン　10, 13, 44
　アインシュタイン方程式　25
い いたるところ微分不可能　191
　イプシロン−デルタ法　　184
え エーテル　　　　　　　　49
　エネルギー　　　　　　10, 11
お オイラー　　　　　8, 61, 114
　オイラーの公式　　　　　50
　オイラー経路　　　　　　130
　オイラー路　　　　　　　128
　黄金比　　　　　　　87, 124
　オクタニオン　　　　　　84

か カール・セーガン方程式　73
　階層性問題　　　　　　　43
　ガウス関数　　　　　　　55
　カウフマン　　　　　　　136
　可算無限　　　　　　　　166
　可能世界　　　　　　　　146
　カリーニングラード　　　131
　カルダノ　　　　　　　8, 101
　カルダノの公式　　　　　96
　ガロア　　　　　　8, 105, 107
　ガロア群　　　　　　　　105
　ガロアの定理　　　　　　112
　カントール　　　　　　　161
　ガンマ関数　　　　　　　118
き 幾何学単位系　　　　　　27
　共役クオータニオン　　　80
　境界条件　　　　　　　　37
　行列　　　　　　　　　　16
　極大不変真部分群　　　　109
　虚数の指数関数　　　　　50
く クーロンの法則　　　　　25
　クオータニオン　　　　　76
　グラフ記法　　　　　　　144
　グリーン・バンク会議　　72
　グリーン・バンク方程式　72
　繰り込み　　　　　　　　120
　群論　　　　　　　　105, 107
け 計算不可能性　　　　　　175
　ケイリー・ハミルトンの定理　83
　ゲーデル　　　　　　　　168
　ゲーデル解　　　　　　　174
　ゲーデル数　　　　　　　170
　ケーニヒスベルクの七つの橋　128
　現代集合論　　　　　　　167
　原爆　　　　　　　　　13, 19

こ	光速	20	多項式時間	133
	五次方程式	106	タルタリア	100
	コッホ図形	190	**ち** 置換群	107
さ	逆さまのp進数	157	地球外の知的生命探査	72
	三角関数	50	チャイティン	175
	三次方程式	97	チューリング	173, 175
	三次方程式の解法	98	超弦理論	35
し	次元	24	超準解析	185
	四元数	78	超対称性	35
	自己相似	191	超ひもの不確定性	30
	指数関数	50, 54	超ひも理論	31, 35
	指数関数時間	134	超ひも理論の方程式	37
	自然単位系	20, 22	調和振動子	19
	自然の数列	89	直交性	56
	質量	11	**つ** ツイスター理論	145
	実数	163	**て** 停止確率	176
	実数の概念	185	ディラック	68
	実数無限	166	ディラック定数	15, 22
	シュレーディンガー方程式	25	ディラックのデルタ	69
	真部分群	109	ディリクレ	37
す	スピンネットワーク	145	ディリクレ境界条件	38
せ	静止質量	11	デルタ関数	68
	正12面体	132	テンソル	141
	ゼータ関数	114	**と** 特異点定理	145
	雪片曲線	190	ド・ジッター宇宙	55
	全称記号	149	ド・モルガンの法則	146
そ	双曲線関数	53	ドレイクの方程式	72
	双対	151		
	測定誤差	14	**に** ニュートン	143
	存在記号	149	ニュートンの重力定数	27
			の ノイマン境界条件	39
た	対角線上の悪魔	160, 168	**は** バーゼル問題	61
	対角線論法	163, 172	ハイゼンベルク	8, 15, 19, 43
	楕円関数論	105	ハウスドルフ長さ	193

	八元数	85
	ハミルトン	82, 132
	ハミルトン路	132
	万有引力の法則	25
ひ	ピサのレオナルド	86
	非整数次元	191
	一筆書き	128
	標準理論	35
ふ	フィボナッチ数列	86, 89
	フーリエ変換	55
	フェラーリ	100
	フェラーリの公式	102
	不確定性原理	6, 14, 197
	不完全性定理	168
	複雑性	94
	複素平面	51
	部分群	109
	フラクタル	189
	フラクタル次元	195, 196
	フラクタル図形	190
	プランク長さ	26, 31
	ブレーン世界	41
へ	ベルヌーイの定理	61
	ベン図	147, 161
	ペンローズ	140, 145
	ペンローズ三角形	145
	ペンローズ・タイル	145
ほ	ホイーラー	27
ま	巻き量	33
	マクスウェル方程式	140
	マックス・プランク	8, 26, 29
	マルティン・オーム	126
	マンデルブロ	189
	マンハッタン計画	13
む	無限	154
	無限小解析	185
	無限小数	181, 185
	無限小超実数	185
	結び目の多項式	136
め	メンブレーン	37
も	モデル理論	181
よ	様相論理	151
	四次方程式	103
	余剰次元	43
ら	ラーマー	45
	ライプニッツ	143
	ラグランジュ	8, 62, 67
	ラグランジュの未定乗数法	62, 65
	ラグランジュ・ポイント	67
り	量化記号	149
	量子論	29
る	ループ量子重力理論	145
れ	レオ・シラード	13
	レオナルド・ダ・ピサ	86
	連続の概念	184
ろ	ローレンツ	44, 49
	ローレンツ変換	44
	ロジスティック写像	90
	ロジステイック方程式	8, 95
	ロバート・メイ	90
	ロビンソン	181

著者紹介
◎竹内 薫（たけうち かおる）
1960年東京生まれ。東京大学理学部物理学科卒業。マギル大学大学院博士課程修了（専攻：高エネルギー物理学）。Ph.D.。科学作家として物理書・数学書を執筆するかたわら、FMラジオ「JAM THE WORLD」（J-WAVE）の金曜ナビゲーター、「たけしのコマ大数学科」（フジテレビ系）の解説など、難解な科学の概念を一般向けに易しく面白く解説することで定評がある。猫好きで知られ、ヨガ教師の妻と横浜に在住。近著に『ゼロから学ぶ超ひも理論』（講談社サイエンティフィク）、『宇宙の向こう側』（横山順一との共著、青上社）がある。

- カバーデザイン　中村友和（ROVARIS）
- 本文イラスト　藤原ヒロユキ、早川修
- 編集／組版　京極一樹

知りたい！サイエンス

へんな数式美術館
― 世界を表すミョーな数式の数々 ―

平成20年8月25日　初　版　第1刷発行

著　者　竹内　薫
発行者　片岡　巌
発行所　株式会社技術評論社
　　　　東京都新宿区市谷左内町21-13
　　　　電話　03-3513-6150　販売促進部
　　　　　　　03-3513-6160　書籍編集部
印刷／製本　日経印刷株式会社

定価はカバーに表示してあります

本書の一部または全部を著作権法の定める範囲を越え、無断で複写、複製、転載あるいはファイルに落とすことを禁じます。

©2008　竹内　薫

造本には細心の注意を払っておりますが、万一、乱丁（ページの乱れ）や落丁（ページの抜け）がございましたら、小社販売促進部までお送りください。送料小社負担にてお取り替えいたします。

ISBN978-4-7741-3556-4　C3041
Printed in Japan